湛庐 CHEERS

与最聪明的人共同进化

HERE COMES EVERYBODY

起源
人类的

The
Origin of
Humankind

科学大师书系

[肯尼亚]理查德·利基 著   符蕊 译
Richard Leakey

浙江人民出版社
ZHEJIANG PEOPLE'S PUBLISHING HOUSE

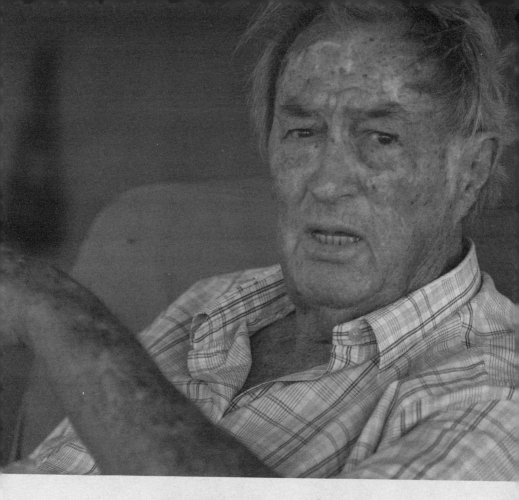

理查德·利基
RICHARD
LEAKEY

肯尼亚古人类学家、环保主义者、政治家

"古人类学第一家族"成员

2015年，理查德·利基71岁之际，再度接受任命成为肯尼亚野生生物服务署主席。45岁时，他担任了该机构的第一任主席，有力地打击了大象偷猎行为。而在此之前，他是一位声名显赫的古人类学家，担任肯尼亚国家博物馆馆长30年之久。他因为突出的贡献当选英国皇家学会院士，荣获美国人文主义者协会授予的艾萨克·阿西莫夫科学奖。

1944年，理查德·利基出生于肯尼亚的一个显赫家庭。他的父亲路易斯·利基和母亲玛丽·利基都是杰出的古人类学家，共同开拓了东非大裂谷的考古探索。1959年，玛丽·利基发现了东非的第一件早期人类化石。这一发现使古人类学界开始将非洲视作人类的摇篮，也让利基家族享誉国际。

理查德6岁时就发现了自己的第一块化石，但他对追踪野生动物更感兴趣。16岁时，他为了躲避父母的阴影，辍学自立门户——捕捉动物、为研究机构收集骨骼化石、学习飞行，并开始了一项带游客参加摄影狩猎之旅的业务。

然而，理查德从未远离古人类学，父母的每一次挖掘活动他都会参与，从小就接受的训练让他能够独立执行任务。渐渐地，古人类学的魔力还是让他深深陷了进去，他凭借自己的能力赢得了"杰出化石猎人"的美誉，在25岁时被任命为肯尼亚国家博物馆馆长。

肯尼亚国家博物馆馆长

1969 年，理查德第一次独立进入化石王国，去勘探图尔卡纳湖东岸的广大地区。他和勘探队成员米芙·埃普斯抄近路回营地时，在干涸的河床里发现了一个完整的古人类化石头骨——南方古猿鲍氏种。这是他的好运的开端。

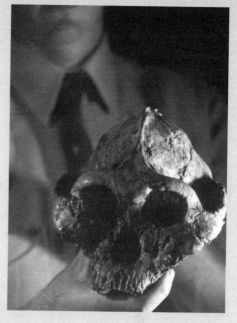

这一年，理查德离婚后与米芙结婚，共同投身古人类学事业，成为利基家族的第二代成员。在接下来的 30 年里，理查德主导了多次图尔卡纳湖的考察，发掘出 200 多块化石，其中包括有史以来最引人注目的两处发现：1972 年发现的几乎完整的能人头骨，以及 1975 年发现的直立人头骨。1977 年，《时代》杂志的封面展示了他与能人复原图的形象。

1969 年也是不幸的一年，理查德被诊断出患有终末期肾病，并被告知自己只能活 10 年了。到了 70 年代末，理查德的肾病变得越来越严重。他前往伦敦，接受了弟弟菲利普的移植手术，但不到一个月就出现了排斥反应和感染，差点死于肺部炎症。理查德最终活了下来，恢复了健康，回到了肯尼亚。此时，他人生最重要的发现还未来临。

1984 年，他的团队发现了所有标本中最具历史意义的一个，一具几乎完整的年轻男性直立人骨架。这具 160 万年前的骨架，绰号"图尔卡纳男孩"，是迄今为止发现的最完整的古人类骨骼化石之一。理查德终于实现了每个人类学家的终极梦想——挖掘一具完整的人类始祖骸骨。

拯救大象的铁血战士

　　1989 年，理查德离开了古人类学研究领域，接受总统的任命，担任肯尼亚野生生物服务署主席。他的任务是拯救这个国家混乱的公园系统，打击猖獗的犀牛和大象偷猎行为。当时，对犀牛角和象牙的非法需求正将这两种动物推向灭绝的边缘。他建立了装备精良的反偷猎部队，当温和的措施失败后，他下令射杀偷猎者。就在这一年，他下令焚烧了 12 吨没收的象牙。

　　大象的数量很快就稳定下来，世界银行对理查德的成就印象深刻，批准向野生生物服务署提供大量赠款。尽管他的成就赢得了国际社会的认可，但在国内却树敌不少。1993 年，他驾驶的飞机发生了原因不明的设备故障，在内罗毕郊外的山区坠毁。这次事故使理查德失去了双腿。作为一名专业的飞行员，他有充分的理由怀疑是政敌蓄意破坏。

　　理查德没有被吓倒，重新回到了工作岗位。2001 年从政府退休后，理查德曾担任国际透明组织和"类人猿生存计划"的主要发言人。国际透明组织是一个打击腐败的全球联盟，"类人猿生存计划"则是联合国为保护人类的近亲而发起的行动。

　　2015 年，肯尼亚的野生动物偷猎活动再度猖獗到危机水平。肯尼亚总统乌胡鲁·肯雅塔要求理查德·利基重返野生生物服务署担任主席。71岁的理查德·利基接受了挑战，继续他奋斗一生的使命——为生态环境和这片人类起源的大陆服务。

作者演讲洽谈，请联系
speech@cheerspublishing.com

更多相关资讯，请关注

湛庐文化微信订阅号

湛庐 CHEERS 特别制作

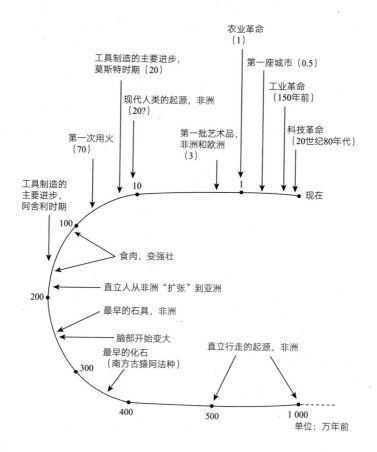

农业革命
（1）

第一座城市（0.5）

工具制造的主要进步，
莫斯特时期（20）

工业革命
（150年前）

现代人类的起源，非洲
（20?）

科技革命
（20世纪80年代）

第一次用火
（70）

第一批艺术品，
非洲和欧洲
（3）

工具制造的
主要进步，
阿舍利时期

10

1

现在

100

食肉，变强壮

直立人从非洲"扩张"到亚洲

200

最早的石具，非洲

脑部开始变大

直立行走的起源，非洲

最早的化石
（南方古猿阿法种）

300

400

500

1 000

单位：万年前

代	纪	时间 (百万年)	世	文化阶段	文化期
新生代	第四纪		全新世	新石器时代	阿齐尔文化
		0.01	（上）	旧石器时代	（晚期）马格德林文化 梭鲁特文化 格拉维特文化 奥瑞纳文化 查特佩戎文化
		0.04			（中期）莫斯特文化
		0.15			勒瓦娄哇文化
			更新世（中）		克拉克当文化
		0.5		（早期）	
		1	（下）		阿舍利文化
	第三纪	2	上新世		奥杜威文化
		5	中新世	人科动物，人种的起源	
		25	渐新世	类人猿，人科动物的起源	
		35	始新世	类人猿的起源？	
		53	古新世	原猴类	
		65			

人类学家的梦想

挖掘一具完整的人类始祖骸骨是每个人类学家的梦想。然而，变化莫测的死亡原因、埋葬地点和化石化作用，导致史前人类的遗存支离破碎，这让很多人类学家梦想成空。在大多数情况下，零星的牙齿、骨头、头骨片这些东西是重现史前人类故事的主要线索。尽管它们零碎得让人泄气，却不能否认这些线索的重要性，因为如果没有这些线索的话，史前人类的故事将荡然无存。我也无法忽视这些可怜遗物的出土所带来的巨大刺激，它们毕竟是祖先的东西，经由无数代人与我们骨血相连。但是，一副完整的骸骨仍然是终极大奖。

1969 年是福星高照的一年。我决定去勘探位于肯尼亚北部的古砂岩沉积遗址：图尔卡纳湖东岸的广大地区。这是我第一次独立进入化石王国。我坚信能在那里发现许多化石。因为一年前我曾乘一架小飞机飞过该地区，分辨出那些沉积层可能潜藏着大量古生物——尽管这个判断受到了许多质疑。该地区地势高低不平，气候极度炎热干旱，但是对我而言却有一种非同寻常的美（人类化石的主要发现地点见图 0-1）。

在美国国家地理协会的资助下，我成立了一个小组去该地区勘探。小组成员包括米芙·埃普斯（Meave Epps），她后来成了我的妻子。到达数天后的一个早晨，米芙和我结束了一次短途考察，因为口干舌燥并急于躲避正午的灼热，我们沿着干涸的河床抄近路返回营地。突然，我看到正前方橙黄色沙滩上静静地躺着一个完整的头骨化石，它空洞的眼窝直视着我们。它无疑是人类头骨的形状。随着岁月的流逝，我记不清在那一刻跟米芙说了什么，但记得自己表达的是对这次偶遇所流露出的复杂情绪，既欣喜若狂，又难以置信。

我当时就认出这个颅骨属于南方古猿鲍氏种（*Australo-pithecus boisei*），一个灭绝已久的人种，它近期才被季节性河流从沉积物里冲刷出来。自从大约 175 万年前被深埋入地下后，它终于重见天日。这个标本是至今为止被发现的屈指可数的完整古人类头骨之一。几周后，暴雨将形成急流把干涸的河床填满。如果米芙和我未能与它偶遇，这个脆弱的遗骸必将毁于急流。我们若不是及时在此处出现，发现这一掩埋已久的化石的机会则微乎其微。

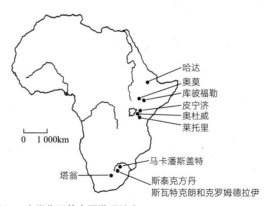

图 0-1　人类化石的主要发现地点

第一批早期人类化石从 1924 年开始在南非洞穴中发现。其后从 1959 年起，在东非（坦桑尼亚、肯尼亚、埃塞俄比亚）也发现了许多重要的化石。

无巧不成书，我的发现跟我的母亲玛丽·利基（Mary Leakey）10年前的发现几乎是在同一天。她在坦桑尼亚的奥杜威峡谷找到了类似的颅骨。但是那个颅骨简直像一副旧石器时代的拼图玩具，是由上百块碎片拼接而成的。我明显是继承了利基家族的好运，母亲玛丽和父亲路易斯（Louis Leakey）就以此闻名。事实上，好运一直伴随着我，之后在我主导的图尔卡纳湖的多次考察中，发掘了更多的人类化石，包括已知最古老的完整人属头骨。人属是人类族谱的分支，最终进化出了现代人类，即智人（*Homo sapiens*）。

尽管年轻的我因为不想活在我那举世闻名的父母的巨大阴影下，曾发誓决不陷入对化石的搜寻中，但这项事业的魔力却让我无法自拔。埋藏着祖先遗骸的那片古老干涸的东非土地有着不容置疑的特殊魅力，与无情的危险并存。寻找化石和远古石器常让人觉得浪漫，寻找过程也的确有其浪漫的一面，但是获得这门学科基础数据的地点，却距离舒服的实验室十万八千里。这项事业对体能要求极高，充满挑战，还要用心经营保障人身安全所需的物资。我发现自己有组织方面的天赋，在面对个人和环境问题时能从容应对。图尔卡纳湖东岸的许多重大发现不仅把我引入曾一度极力回避的职业，还给我树立了声望。然而，那个终极梦想——一副完整的骸骨，还在跟我捉迷藏呢。

1984 年夏末，怀揣着共同的希望和信念，克服种种艰难险阻，同事们和我看到这个梦想粗具雏形。那年，我们决定去湖的西岸一探究竟。8 月 23 日，在一个被季节性洪流侵蚀的狭窄沟壑旁，我的老朋友兼同事卡莫亚·基梅乌（Kamoya Kimeu）在斜坡的沙砾间发现了一小块古人类头骨。我们开始仔细寻找这个头骨的其他碎片，很快就有了出乎意料的发现。在前后 5 次挖掘、历时 7 个多月的大规模搜寻中，我们挖出了 1 500 多吨沉积物，最终找到了一具完整的人类骸骨。这个在 160 多万年前死于古老湖边的人，被我们称作"图尔卡纳男孩"，死时刚满 9 岁，死因不明。

臂骨、腿骨、脊椎骨、肋骨、骨盆、下颌骨、牙齿和更多头骨片，这些骨骼化石一块接一块地出现，真是让人欣喜若狂。男孩的骸骨碎片躺了 160 多万年之后，再次被复原成一个整体。人类从来没有发现过比 10 万年前尼安德特人时代更早的，像这样完整的骨架。这一发现除了激动人心外，还预示着人类对史前时代将会有更深入的探索和认识。

在进入正题前，我先说一句题外话。人类学包括许多专业术语，这些晦涩难懂的术语不易被非专业人士理解，所以我尽量不使用它们。史前人类家族的每一个种，都有一个名称，即种名，我不可避免地要使用它们。人类家族也有自己的名称，叫"人科动物"（hominid）。我的一些同事更喜欢只把所有远古人类叫作"人科动物"。因为他们认为，"人"（human）这个词只能用来指像我们这样的人。也就是说，在人科动物中，只有智力水平、道德观念和内省意识能与我们相提并论的物种，才能叫作"人"。

我不敢苟同。在我看来，直立行走使原始人科动物与当时其他的猿类截然不同，而这种进化出的特征奠定了人类历史演变的基础。一旦远古祖先进化为两足猿，那么其他进化也变得指日可待，最终出现人属就顺理成章了。如此看来，我们把所有的"人科动物"称为"人"是合情合理的。这并不是假设所有远古人类的物种都拥有我们今天所拥有的精神世界。究其本质，"人"仅仅指能直立行走的物种——两足猿。在接下来的章节中我将采纳此种用法，而在论述只有现代人特有的性状时，我会明确指出来的。

　　图尔卡纳男孩是直立人种（*Homo erectus*）的成员之一。直立人种是人类进化史上关键的一个种。从遗传和化石等多方面的证据来看，我们如今已知的第一个人种出现在大约 700 万年前。而 200 万年前，直立人登上历史舞台，那时人类的史前时代已有很长的历史了。直立人出现以前，曾有多少人种生存并消亡过呢？至少有 6 个？甚至双倍？我们一无所知。但我们清楚，这之前已有的人种虽然能用两足行走，但他们在许多方面和猿相似。他们脑部相对较小，面部向前突出，身形在某些方面更像猿而不像人，比如胸廓呈漏斗形，颈部短小，没有腰部。直立人脑部更大，面部扁平，身体更强健。直立人在进化时出现了许多与我们类似的身体特征，这使 200 万年前的人类史前时代经历了翻天覆地的转变。

　　直立人最早使用火；最早把狩猎作为生计的重要部分；最早能像现代人一样奔跑；最早能依照某种脑海里的模型制造石器；也最早分布到非洲之外的地区。我们无法确切地知晓直立人是否有某种程度的语言，但是几方面的证据支持他们已经具备了这种能力。我们现在还不知道，也许永远也无法知道，他们是否有某种程度的意识，像现代人那样的自觉意识，但我猜测他们已经有了意识。毋庸置疑，语言和意识是智人最珍贵的特征，而这些却未在史前时代留下任何痕迹。

研究像猿一样的生物如何进化为像我们这样的人是人类学家的目标。这一进化过程曾被描述为一部伟大而浪漫的戏剧，以渐渐浮现的人性作为故事的主角。而实际情况却乏味得多，是气候和生态环境的改变使物种进化，并非史诗般的冒险。这种进化比任何事物都更让我们兴致勃勃。作为这样一个物种，我们对自然界和人类在其中的位置十分好奇。我们想知道，而且有必要知道：人类是如何成为今天的样子的？人类的未来又会怎样呢？我们找到的化石让我们的身体与过去相连，并要求我们仔细研究它们，因为其中包含着理解人类进化史的性质和过程的线索。

在发现更多的史前时代的遗迹之前，没有一个人类学家能站出来公布每一个细节，但对于人类史前时代的大致情况，研究者们已达成共识。可以肯定地说，人类史前时代有四个关键阶段。

　　第一个阶段是人类家族本身的起源，大约 700 万年前，像猿一样的物种转变为两足直立行走的物种。第二个阶段是，这种两足直立行走的物种开始繁衍扩散，生物学家将这一过程称为适应性辐射。在距今 700 万到 200 万年前之间，两足猿进化成许多不同物种，各个物种能分别适应稍稍不同的生态环境。在距今 300 万到 200 万年前之间，在这些扩散后的物种里进化出脑部显著增大的物种。脑部增大标志着第三个阶段的到来，是人属出现的信号。人类的这一分支自直立人进化而来，最终成为智人。第四个阶段是现代人的起源，即像我们这样的人开始进化，并伴随着自然界从未出现过的语言、意识、艺术想象力和技术创新。

　　这四个关键性的阶段为本书接下来的内容提供了架构。显而易见，在我们开始研究人类史前时代时，不仅需要知道发生了什么事情、发生在什么时间，还要追究其发生的原因。如同研究象类和马类进化过程一样，在研究我们的祖先时，也要将其放在整个进化过程中。我们并不否认智人在许多方面与众不同。比如智人与其进化上最相似的亲属黑猩猩差别很大，但是我们已开始从生物学角度理解自己与自然界的联系了。

在过去的 30 多年里，我们发现了大量化石，采用新方法解释并整合其中的线索，使人类学这门学科取得了重大成就。与其他科学一样，人类学是一门求真务实的学科，有时由于化石和石器资料不足或研究方法不当，研究者们常常各持己见。许多重要的人类历史问题尚未有确切答案，例如：人类家族树到底是什么样子的？人类复杂的有声语言最早起源于什么时候？为什么史前时代人类脑部会明显增大？在下面各个章节中，我将指出在哪些问题上会有不同观点以及为何会存在这些不同观点，有时也会提出自己的见解。

能和许多优秀的同事一起多年研究人类学，我倍感幸运，心存感激。此外，我要特别感谢卡莫亚·基梅乌和艾伦·沃克（Alan Walker）。感谢我的妻子米芙，尤其是在那些最艰苦的日子里，她既是我最优秀的同事，又是最真挚的朋友。

目 录

扫码获取"湛庐阅读"App，
搜索"人类的起源"，
直达理查德·利基的精彩访谈。

什么是彩蛋　彩蛋是湛庐图书策划人为你准备的更多惊喜，一般包括：①测试题及答案；②参考文献及注释；③延伸阅读、相关视频等。记得"扫一扫"领取。

The Origin of Humankind 01

最早的人类

达尔文认为人类一出现就明显有别于一般猿类，这种思想统治了人类学上百年，但事实并非如此。由于脑部增大和技术进步与人类起源时间不同，人类学家们把注意力集中到了两足行走的起源。

"智人与众不同"

　　人类学家一直对智人的语言、高超的技术、伦理道德的判断力等特质着迷。人们认识到，尽管智人具备这些特质，却与非洲猿类有着千丝万缕的联系，这也是近年来人类学领域的一项最具意义的转变。这种重要的认识上的转变是如何产生的呢？我将在本章论述一个多世纪以来，达尔文关于最早人种的特性的思考对人类学家的影响，以及最新研究从哪些方面表明我们与非洲猿类在进化上关系紧密。同时，最新研究还要求我们从一个完全不同的视角来看待人类在大自然中的位置。

达尔文在 1859 年出版的《物种起源》(*Origin of Species*)一书中，小心翼翼地避开了人类的进化。而他在该书之后的版本中含蓄地补充道："人类的起源和历史也将由此得到启示。"之后，他在 1871 年出版的《人类的由来》(*The Descent of Man*)一书中对此做了详细阐述。在论述这个当时还很敏感的话题时，他高效地建立了人类学理论结构中的两大支柱理论：第一，关于人类在何处最早出现（最初没有人相信他，但他的观点是正确的）；第二，关于人类进化的方式。达尔文关于人类进化方式的观点长期主导着人类学这门学科，直到 20 世纪 80 年代才被证明是错误的。

达尔文认为，人类发源于非洲，原因很简单：

> 在世界每个大区域中，同一区域里现存的哺乳动物与进化出来的物种密切相关。非洲现存大猩猩和黑猩猩两种猿，所以与它们有紧密关系的绝种的猿类过去也可能生存在非洲，又因为这两种猿是人类最近的亲属，所以我们的早

期祖先也更有可能生活在非洲而不是其他地区。

我们需要记住的是：达尔文在写这些话时，任何地方都没有发现早期人类化石，所以他的结论完全来自理论。在达尔文时期，欧洲尼安德特人的骸骨是唯一已知的人类化石，在人类史上他们处于较晚时期。

人类学家强烈厌弃达尔文的观点，尤其是因为出于殖民主义的蔑视，他们认为热带非洲是黑暗大陆，绝不会是智人这种高贵物种的发源地。在世纪交替之际，人们在欧洲和亚洲发现了更多的人类化石，致使人类起源于非洲这一观点受到更大的蔑视。这种观念盛行了几十年。1931年，我的父亲路易斯·利基跟其剑桥大学的导师说自己打算去东非找寻人类起源的化石时，受到了巨大的压力，导师要求他把注意力集中在亚洲而不是非洲。父亲的坚定信念一部分是因为他认同达尔文的观点，另一部分是因为他是土生土长的肯尼亚人。他不顾剑桥学者们的建议而继续探寻，使东非成了研究人类早期进化史的风水宝地。近年来，非洲大陆早期人类化石大量涌现，人类学家如果仍蔑视非洲，就会显得离奇古怪。这提醒我们，科学家们用理性作为向导，但也常常受感性支配。

达尔文在《人类的由来》一书中提出了另一重要结论：他认为两足行走、技能掌握和脑部增大等人类特征是同步进化的。他写道：

> 如果解放人类的手和臂并让双脚站得更稳对人类有利，那么毫无疑问，越来越多的人类祖先选择两足直立行走对他们更有利。如果手和臂只是习惯性地用于支撑整个身体或用于爬树，那么它们就不能完善自身，无法制造武器或有目的地投掷石块和长矛。

在此，达尔文认为，人类独特的运动方式与石器的制造直接相关。人类的犬齿通常比猿类匕首形的犬齿小得多，他进一步把这些进化与人类犬齿的起源联系起来。他在《人类的由来》一书中指出："人类早期祖先可能长着巨大的犬齿。但当他们逐渐习惯使用石块、棍棒和其他武器对付敌人或对手时，就很少会使用上下颌和牙齿了，因此上下颌和牙齿这些器官就会变小。"

达尔文指出，这些会使用武器且两足行走的动物有了更多密切的社会交往，这需要他们有更高的智力。我们的祖先越聪明，他们的技术和社会关系就越复杂，这又反过来要求他们拥有更高的智力。各种特征的进化彼此之间相互作用。这种彼此相关的进化理论为人类的起源勾勒出一幅清晰的图景，并成为人类学这门科学发展的核心。

根据这一图景，人种刚出现时不只是一种两足行走的猿，它那时就已经具备了智人的许多特征。这一观点看起来很有道理，人类学家们在很长时期围绕它提出了有说服力的假说。但这一图景并不科学，如果从猿进化为人既是突发的又是古老的过程，那么人类的进化就与自然界的其他物种的进化大不相同了。那些深信智人是特殊生物的人也许会赞同这个观点。

"智人与众不同"这种理论盛行于达尔文在世时期，且一直延续到 20 世纪中叶。19 世纪英国博物学家艾尔弗雷德·拉塞尔·华莱士（Alfred Russel Wallace）像达尔文一样，独自创建了生物进化的自然选择学说，却特意避免将这种理论用于研究我们最珍视的人性的许多方面。他认为，人类精明老练，不会成为自然选择的产物。其理由是：原始的狩猎－采集者对这些品性没有生理需要，所以他们不可能起源于自然选择。人之所以特殊，是因为存在着超自然的干预。华莱士对自然选择学说缺乏信心，这让达尔文大失所望。

苏格兰古生物学家罗伯特·布鲁姆（Robert Broom）于20 世纪 30 ~ 40 年代开创了南非人类学研究的先河，把非洲确定为人类的发源地，并对人类的特殊性发表了明确观点。布鲁姆认为智人是进化的终极产物，而自然界的其他一切都是为智人的舒适性服务，他和华莱士一样，都在寻求人类起源的超自然力量。

像华莱士和布鲁姆这样的科学家，在理性和感性两种相反的力量中挣扎。他们接受这样的事实：智人通过不断进化的过程，最终从自然界产生。但他们也相信，人类的根本灵性和超越自然的本质是他们得以解释人类进化特殊性的原因。1871 年，达尔文就人类的起源提出的各种人类特征同时出现的"一揽子"论点，也同样印证了华莱士和布鲁姆的看法。尽管达尔文并未指出超自然干预的作用，但他的进化学说认为人类在一开始就明显有别于一般猿类。

　　达尔文的论点直至十几年前都很有影响力，它引发了一次巨大的争议：人类最初是在什么时候出现的？我将简单说说这次争议的情况，因为它体现了达尔文"彼此相关"进化学说的魅力，也终结了其在人类学的统治地位。

　　1961 年，耶鲁大学的埃尔温·西蒙斯（Elwyn Simons）发表了一篇意义重大的论文。他在其中阐述道，腊玛古猿（*Ramapithecus*）这一小型似猿动物是已知最早的原始人种。耶鲁大学青年学者爱德华·路易斯（G. Edward Lewis）于 1932 年在印度发现的上颌骨的部分碎片，是当时已知的腊玛古猿化石遗骸的唯一部分。西蒙斯发现，腊玛古猿的犬齿短而钝，颊齿（前臼齿和臼齿）与人的颊齿颇为相似，咬合面平整，不像猿类那样尖锐。他还宣称，将这个不完整的上颌骨碎片重建后，将会形成像人的上颌骨一样的形状，齿弓是稍稍向后张开的，不是现代猿类那样的 U 字形。

　　戴维·皮尔比姆（David Pilbeam）是剑桥大学的英国人类学家，他与耶鲁大学的西蒙斯共同从解剖学角度研究腊玛古猿颌骨的解剖特点。他们还根据颌骨碎片推断，腊玛古猿生活在一个复杂的社会环境里，靠两足直立行走，进行狩猎。这与达尔文的推论有相似之处，都认为一旦一种人科性状（齿形）存在，便意味着其他的人类特征也存在。因此，最早的人科物种被认为是有文化的动物，也就是说它们是现代人类的原始变体，并不是一种没有文化的猿类。

最早发现的腊玛古猿的化石沉积物年代久远，在亚洲和非洲发现的此属古猿的沉积物也一样。西蒙斯和皮尔比姆因而得出结论：最早的人类出现于距今至少 1 500 多万年前，甚至可能是 3 000 万年前。此外，人类起源于很早以前这一理念，使人类有别于自然界的其他物种，得到了更多人的认同。

20 世纪 60 年代后期，加利福尼亚大学伯克利分校的两位生物化学家阿伦·威尔逊（Allan Wilson）和文森特·萨里奇（Vincent Sarich）对于最早人种的起源时间提出了新的看法。他们没有研究化石，而是将现今人类与非洲猿类的某种血液蛋白进行比较，以确定二者蛋白质结构的差别程度。这种差别是突变的结果，人和猿的物种分离的时间越长，累积突变的次数就越多。他们计算了突变的速率，把血液蛋白数据当作一种分子钟。

这种分子钟显示最早的人种出现在距今大约 500 万年前，这与之前所流行的人类学理论所认为的 1 500 万年到 3 000 万年前有天壤之别。威尔逊和萨里奇的研究数据表明，人类、黑猩猩和大猩猩之间的血液蛋白的差别程度相同。换言之，500 万年前的某次进化事件使一个共同祖先同时朝三个不同方向进化，分别进化为现代人类、现代黑猩猩和现代大猩猩。这与大多数人类学家的看法相悖。从传统认识上看，黑猩猩和大猩猩之间的亲缘关系最近，而与人类的差距较大。但如果分子数据的解释是正确的，那么人类学家就得承认，人类与猿类在生物学上的关系比大多数人所坚信的要密切得多。

人类学家与生物化学家相互之间强烈质疑对方在专业性方面的技术问题。威尔逊和萨里奇的结论被批判得体无完肤。人类学家认为，分子钟的机理过于离奇，所以不能作为判断过去进化事件的准确时间的依据。威尔逊和萨里奇则认为，人类学家过于关注根据又小又破碎的解剖性特征而得出的谬论。我当时与人类学家站在同一阵营，认为威尔逊和萨里奇是错的。

激烈的争论持续了 10 多年，其间威尔逊、萨里奇以及其他独立研究者提供的分子证据越来越多。这些新证据大多符合威尔逊和萨里奇最初的观点，也开始令人类学家们慢慢地转换了观念。最后在 20 世纪 80 年代初期，皮尔比姆小组与英国自然历史博物馆的彼得·安德鲁斯（Peter Andrews）小组，分别在巴基斯坦和土耳其发现了类似腊玛古猿的更为完整的化石，使这一问题迎刃而解（见图 1-1）。

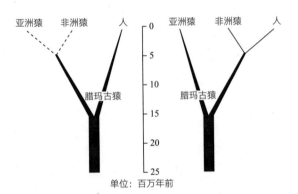

图 1-1 分子证据

1967 年以前，人类学家们根据化石证据的研究，认为人和猿早在 1 500 万年前的远古时期就进化为不同物种。而 1967 年发现的分子证据表明，分化的时间晚得多，更接近于 500 万年前。人类学家们最初不愿意接受这些新证据，但最终还是接受了。

　　腊玛古猿的化石在某些方面确实与人类化石相似，但这个物种不是人类。单单靠零碎的化石来判断二者在进化上的联系，其中的难度超乎想象，甚至会让人落入陷阱。西蒙斯和皮尔比姆就落入了其中一个陷阱：相似的解剖性状不代表进化上也同样具有相关性。在巴基斯坦和土耳其发现的那些更为完整的标本，揭示之前的标本只是表面看起来像人类。腊玛古猿的颌骨呈 V 字形，不是弧形；这和其他特征都表明它是一种原始猿类（现代猿类的颌骨呈 U 字形）。腊玛古猿不是两足行走的猿，也不是原始的狩猎－采集者，而是像它之后的亲属猩猩一样生活在树丛里的物种。这一新证据成功地说服了最初深信腊玛古猿是人类的人类学家们，他们承认自己是错的，而威尔逊和萨里奇是对的：最早的两足行走的猿类创造了人类家族，它们起源于相对较近的时期而非远古时期。

　　威尔逊和萨里奇在最初的著作中指出，人类和猿类的分化发生在 500 万年前，而如今分子证据则一致把它提前到距今 700 万年前。但这没有改变人类与非洲猿类有生物学上的相关性的观点，如果说若有改变的话，二者的关系就只能比原先的设想更密切。有些遗传学家认为，分子数据仍表明人、黑猩猩和大猩猩是三等分关系，但另一些专家则持不同的观点，他们认为，人类与黑猩猩亲缘关系最密切，而大猩猩与二者的进化距离更大。

腊玛古猿事件在两方面改变了人类学。首先，它表明根据相同的解剖性状来推断相同的进化关系是危险的；其次，它揭示了盲从于达尔文的"一揽子"观点是愚蠢之举。西蒙斯和皮尔比姆根据犬齿的形状，推测出腊玛古猿完整的生活方式，相当于说：如果有一个人类性状存在，就假定其他性状也都存在。推翻了腊玛古猿是人科动物的观点之后，人类学家们开始质疑达尔文的"一揽子"论点。

人类起源的假说

在探寻这一人类学变革过程之前，我先简单回顾一下过去提出的用来解释最早的人科物种起源方式的几种假说。有趣的是，每一种假说的流行都在某种程度上反映出当时的社会风气。例如，达尔文认为，精心制造石器是推动技术进步、两足行走和脑部增大的重要因素。这种假说无疑反映了维多利亚时代盛行的观念：生活即斗争，创新和努力铸就辉煌。

这些观念渗透到科学中，塑造了人们研究人类进化和其他进化过程的方式。

20 世纪头几十年是爱德华时代乐观主义的全盛期，大脑及其深度思考能力被认为是人之所以为人的根本原因。在人类学界，这种主导的社会世界观表明，人类进化的最初推动力不是两足行走，而是不断增大的大脑。在 20 世纪 40 年代，世界臣服于科技发展的魅力和力量，英国自然历史博物馆的肯尼思·奥克利（Kenneth Oakley）提出了"人，工具制造者"这一假说，并使其盛行开来。他认为，人类进化的推动力是制造和使用石器，而不是武器。当世界处于第二次世界大战的阴影之下时，人们又强调从猿类到人类的较为阴暗的一面的分化，人类会自相残杀。澳大利亚解剖学家雷蒙德·达特（Raymond Dart）则提出了"人，杀人的猿"这一观点。

到了 20 世纪 60 年代，人类学家认为，狩猎 – 采集者的生活方式是人类起源的关键。若干调查组研究了处于原始技术阶段的现代非洲人，其中最著名的是昆桑人（!Kung San，曾被误称为布须曼人［Bushmen］）。由此出现了一种与自然界和谐共存的人类形象，他们既尊重自然，又以复杂的方式利用自然。这种对人性的想象力与当时流行的环境主义不谋而合。人类学家对狩猎和采集这种混合经济的复杂性和经济安全性印象颇深，但着重强调了狩猎。1966年，人类学界一场名为"人，狩猎者"的重要会议在芝加哥大学举行，会议的主旨高调而简单：是狩猎造就了人类。

在大多数技术不发达的原始社会里，男人负责狩猎。因此，让人不再感到意外的是，到了20世纪70年代，女人们的自觉意识逐渐提高，她们就自然而然地开始怀疑这个以男性为中心的人类起源问题的解释。另一假说"女人，采集者"应运而生，它认为，在一切灵长类物种中，雌性与子嗣之间的纽带是社会核心，而正是由于女性发明技术、采集食物（主要是植物）给大家分享，复杂的人类社会才得以形成。

虽然这些假说指出的推动人类进化的主要动力各不相同，但是它们有一个共性，都认为达尔文关于人类特征的观点是对的，即最早的人科动物拥有某种程度的两足直立行走能力、技术和增大的脑部，因此人科动物是文化动物，与自然界其他物种从一开始就有区别。但近年来，我们发现事实并非如此。

事实上考古记录表明，支持达尔文假说的具体证据不足。如果他的"一揽子"论点是正确的，那么我们可以同时从考古和化石两方面的记录上，考证出两足行走、技术以及增大的脑部同时出现，然而我们并没有看到这种情况。因此单就一种史前的考古记录来看，就足以说明这种假说是错误的，这种考古记录就是石器。

与难以被石化的骨骼不同，石器不会遭到破坏。因此史前的绝大部分记录都是石器，它们是技术从简单向复杂发展的证据。这类工具最早的例子有，用卵石打击石片而制成的粗糙石片、简易刮削器、砍砸器。这些石器出现在距今约250万年前。如果分子证据正确，最早的人种出现在约700万年前，那么我们的祖先从两足行走到开始制造石器用具，几乎间隔了500万年。无论是什么进化力量让猿得以两足行走，都与制造和使用工具的能力无关。而许多人类学家却认为，约250万年前的技术进步是脑部增大引起的。

两足行走的起源

脑部增大和技术进步与人类起源时间不同，这一现实迫使人类学家们重新思考人类起源的问题。结果，他们从生物学角度而不是文化角度提出了最新的假说。我认为这在人类学上是一种健康的发展，这些假说可以通过比较其他已知动物的生态和行为而得到验证。我们这么做，并不是要否认智人所具有的诸多特质。相反，我们会从严格的生物关系中寻找这些特质的起源。

基于这种看法，人类学家们在研究人类的起源时，把注意力重新集中到两足行走的起源。但是，即使人类学家不计其余，把注意力仅放在这一点上，也发现了非同寻常的进化转变。正如肯特州立大学的解剖学家欧文·洛夫乔伊（Owen Lovejoy）所说："从四足行走进化到两足行走，是人类祖先在解剖方面的巨大进化生物学转变。"他在1988年的一篇文章中写道："从骨骼、牵引骨骼的肌肉排布和四肢的运动来看，都能发现这样重大的改变。"人类的骨盆矮而宽、呈盆状，而黑猩猩的骨盆窄而长，所以研究人类和黑猩猩的骨盆足以证实此观点。除此之外，二者的四肢和躯干也有极大的差别（见图 1-2）。

两足行走的出现，不仅是生物学上的重大改变，也是适应性上的重大改变。我在前言中说过，两足行走是有重大意义的适应性过程。所以我们可以直接断定，所有两足行走的猿都是"人"。但这不代表最早的两足行走的猿种已具备某种程度的技术、智慧或任何人类的文化特质。我认为，这些物种两足行走之后就拥有了继续进化的巨大潜力，如解放上肢以操纵工具，其重要性足以将这些物种命名为"人"。虽然这些人种与我们截然不同，但没有两足行走的适应，他们不可能变成像我们这样的人。

是什么进化因素促使非洲猿类采取这种新的运动方式呢？人类的起源过程常常被描述为一种似猿的动物离开树林，到空旷的草原上阔步行走。这无疑是戏剧性的画面，但事实并非如此。哈佛大学和耶鲁大学的研究者们通过分析东非多地土壤里的化学成分，证实了这一情形的错误。非洲的稀树草原上有大批动物群迁徙，这一情景在 300 万年前才出现，那时最早的人种已进化很久了。

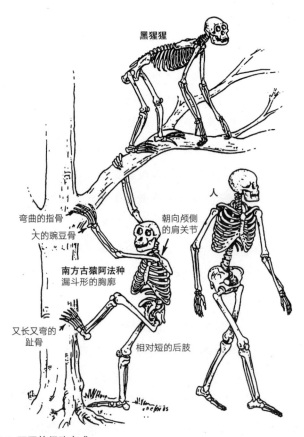

图 1-2 不同的行动方式

从四足行走进化为两足行走的行动方式，要求身体的结构有很大的改变。例如，相较于大猩猩和黑猩猩，人的后肢较长、前肢较短、骨盆短而宽、趾骨短而直、腰部短小。南方古猿阿法种是已知最早的人科成员，虽保留了一些树栖的解剖性状，但显然是两足行走的。

如果往前追溯到 1 500 万年前的非洲，我们会发现那里从西到东遍布森林，养育着猴和猿等形形色色的灵长类动物。当时的情况与今天相反，猿的种类远远多于猴的种类。但在后来的几百万年里，那里的环境变了，导致生物也发生了相应的变化。

非洲大陆东部的地壳从红海沿着今天的埃塞俄比亚、肯尼亚、坦桑尼亚等地一线开裂到莫桑比克。这使埃塞俄比亚和肯尼亚的陆地像水泡一样鼓起，形成海拔 2 700 多米的大片高地。这些高地既改变了非洲的地貌，也影响了那里的气候。以前由西到东的均匀气流被破坏，隆起的高地使东部成为少雨地区，丧失了森林存活的气候条件。茂密的森林开始变得稀疏，断裂为一片一片的树林，形成片林、疏林和灌木丛镶嵌在一起的环境，空旷的草地依然稀少。

大约在 1 200 万年前，持续的地质构造力又使这里的环境进一步发生变化：由北到南形成一条长而弯曲的峡谷，又称大裂谷。大裂谷造成了两种生物学上的效应：一是形成了隔断东西部动物种群交往的无法跨越的屏障，二是进一步促进了镶嵌性生态环境的发展。

　　法国人类学家伊夫·科庞（Yves Coppens）认为，这种屏障是促使人和猿分化到东西两个地区的关键。他写道："环境因素将人和猿共同的祖先群体分开。西部地区的后裔习惯生活在湿润的树丛中，之后进化为猿类；东部地区的后裔开创了全新技能，以适应在开阔环境中的新生活，之后进化为人类。"这一情景被科庞称为"东部故事"。

　　大裂谷的高原地区气候凉爽、树木茂盛，900 多米高的斜坡之下是炎热干旱的低地。生物学家发现，这种供多个物种生存的镶嵌环境，可以促进物种进化。一个曾一度连续而广泛分布的种群经过隔离以后要重新面临自然选择，这就是进化改变的秘诀。有时候，若失去了有利的环境，隔离会导致物种灭绝。非洲猿类的命运就是这样，现今只存活下来大猩猩、黑猩猩和倭黑猩猩三种。大多数猿类物种因环境的变化而绝种时，其中一个物种却因为适应了环境从而生存和繁衍，这就是最早两足行走的猿。在变化莫测的环境条件下，两足行走拥有重要的生存优势，人类学家肩负着发现这些优势的使命。

　　人类学家倾向于从两个方面探讨两足行走在人类进化中

的重要性。一个学派强调，解放上肢可以搬运东西；另一学派则认为两足行走是最有效的行动方式，而搬运东西的能力只是直立姿势的一个偶然的副产品。

第一个学派的假说是欧文·洛夫乔伊于 1981 年在《科学》杂志的一篇文章里提到的。他认为两足行走是一种效率不高的行动方式，这样的进化必然是为了搬运东西。然而，搬东西的能力是如何让两足猿在竞争中胜过其他猿类的呢？

进化的成功取决于产生能继续存活下去的后裔。洛夫乔伊认为，搬东西的能力使雄猿通过给雌猿采集食物而提高雌猿的生殖率。他指出，猿的生殖速度慢，每 4 年才产一子。就人类而言，女性如果能获得更多的能量，即食物，她们就能生产较多的后代。如果雄性为雌性及其子嗣提供食物，帮雌性得到更多的能量，那么雌性就能繁衍更多的后代。

雄性这一活动在社会学领域造成了一种生物学后果。按照达尔文主义，雄性只有确信雌性将会为其产下后代，才会提供食物，否则他给雌性提供食物的行为不会给他带来任何好处。洛夫乔伊认为，最早的人种实行一夫一妻制，这类核心家庭的出现，使生殖的成功率比其他猿类更高。他用生物上的相似性支持自己的观点：在大多数灵长类动物中，雄性互相竞争以获得与尽可能多的雌性交配的机会。在这一过程里，雄性互相搏斗，用大犬齿作为武器。而长臂猿则是少见的例外，它们是雌雄配对，可能因为它们没有互相搏斗的理由，所以雄性犬齿短小。最早人种的犬齿也很小，这可能代表他们和长臂猿一样，也是雌雄配对的。这种提供食物的社会经济纽带，反过来促进了脑部的扩大。

人们曾相当关注并支持洛夫乔伊的假说，因为这种假说立足于基本的生物问题而不是文化问题。但它也有弱点。一方面，一夫一妻制在技术不发达的原始人群中不太常见，比例仅为 20%。所以这一假说被批评为更接近西方社会的特性，而不是接近一个狩猎－采集者的社会。另一方面，已知早期人种雄性的身体尺寸是雌性的两倍。雌性和雄性身体尺寸的巨大差异也叫性别二态性。在已研究过的所有灵长类物种中，性别二态性受一夫多妻制影响，或者说与雄性靠竞争接近雌性有关，而一夫一妻制的物种没有性别二态性。这让我只凭借这一事实就足以不必继续研究洛夫乔伊的假说了。

造成犬齿小的原因必须在一夫一妻制之外寻找。一种原因可能是，咀嚼食物靠的是研磨，而不是切割，大犬齿会阻碍这种运动。现在支持洛夫乔伊假说的人没有 10 年前那么多了。

第二个学派的假说因其简单易懂而很有说服力。加利福尼亚大学戴维斯分校的人类学家彼得·罗德曼（Peter Rodman）和亨利·麦克亨利（Henry McHenry）提出，两足行走在变化的环境中是有利的，它是一种更有效的行动方式。随着森林减少，果树等森林食物资源就会变得稀疏，很难被原始猿类有效利用。按照这个假说，最早的两足行走的猿只具备人的行动方式而已。它们只改变了获得食物的方式，食物本身没有变化，所以它们的手臂、上下颌和牙齿还很像猿类。

许多生物学家最初不认可这一假说。哈佛大学的研究者们多年前曾发现，两足行走不如四足行走有效。这一点没有人会觉得奇怪，当主人带着狗或猫同时奔跑时，令人难堪的是它们跑得肯定比主人快得多。他们也研究人类的两足行走与马或狗的四足行走，比较了双方的能耗率。但罗德曼和麦克亨利认为，合格的比较应该在人类和黑猩猩之间进行。比较后发现，人类的两足行走比黑猩猩的四足行走高效得多，进而得出结论：把能量效率作为自然选择有利于两足行走的动因，有一定的道理。

关于推动两足行走进化的因素，人们对此各抒己见。比如，将身体探出草丛以巡视猛兽，采用更有效的姿势在白天寻找食物时冷却身体。在所有的假说中，我认为罗德曼和麦克亨利的假说最令人信服，它以生物学为依据，且符合最早人种出现时的生态变化。如果他们的假说成立，那么当我们发现最早人类化石时或许会无法辨别，因为这取决于我们找到的骨头是哪一块。如果我们找到的骨头是骨盆或下肢骨，它们是两足行走的有利证据，那么我们就可以将其判断为"人"；但如果找到的是与猿相似的头骨、颌骨或牙齿，我们又将如何判断它们是两足行走的猿还是传统意义上的猿呢？这是一个令人兴奋的挑战。

如果能去 700 万年前的非洲观察最早人类的行为，那么我们会发现，他们的行为方式更接近于灵长类学家研究的猿猴的行为方式，而不是研究人类行为的人类学家所熟悉的行为方式。现代的狩猎－采集者是由许多家庭集合成的游动

群体，而最初人类的生活方式更像稀树草原的狒狒，他们
30 多人组成一个群体，在一大片范围内生存，白天合作寻
找食物，晚上在悬崖下或树丛中等睡觉。这个群体的大部分
成员是成年女性及其子女，只有少数几个成年男性。男性经
常找寻交配的机会，有统治力的个体更易成功。而未成年和
低等的男性总在群体外围徘徊，自给自足。各个个体像人一
样两足行走，但其他行为则与稀树草原的灵长类类似。由
于自然选择随不同时间、不同地点的环境而变，所以个体
们 700 万年的进化也是复杂多变的，并没有一个长远的目
标。智人作为最早的人类后裔，最终诞生了，但这并非必然。

The Origin of Humankind 02

拥挤的人科

从 700 万年前两足猿类起源到今天，至少存在过 16 个人种。化石证据将早期人类分为两种：100 万年前就已灭绝的南方古猿和发展成为当今人类的人属。然而，人类家族树的形态仍然是一个谜。

按我的计算，在南非和东非已经发现了
1 000多个各种最早人种的化石标本。这些标本
受到不同程度的损坏，出现在距今约400万到
100万年前，其中大多数出现在较晚时期。欧
亚大陆最早的人类化石大约有近200万年的历
史，而新大陆和大洋洲分别在相对晚得多的时
期，即大约2万年前和5.5万年前才有人类迹
象。可以说，人类在史前时代的活动大多发生
在非洲。科学家们需从两个方向回答这些问题：
首先，在700万到200万年前，什么物种曾在
人类家族树上占有一席之地，它们是怎样生活
的？其次，这些物种在进化方面相互间有什么

关系？或者说，人类家族树是什么样子的？

　　我的人类学家同事们处理这些问题时遇到了两个挑战。第一个挑战与达尔文所说的"地质记录极端不完整"有关。他在《物种起源》一书中用一整章的篇幅来说明地质记录里让人倍感挫败的空缺内容。这些空缺的内容是由于石化过程变幻莫测、骨骼化石暴露在外等因素造成的。有利于骸骨迅速掩埋和可以石化的地质条件非常罕见，而且古代的沉积物受到侵蚀才会暴露出来，比如经过溪水的冲刷。史前时代的哪些东西能以这种方式重见天日，纯属机缘巧合。许多东西依然会藏身于地层之下。比如，东非本是最有可能拥有早期人类化石的地区，但距今 800 万到 400 万年这段时期的含化石沉积物却很少。这段时期是人类史前时代的关键时期，因为人科就发源于此。在 400 万年前以后的时期中，我们所获的化石远不如预期的那么多。

　　第二个挑战是大多数出土的化石标本七零八碎，比如一块头骨片、一块颧骨、一段臂骨和许多牙齿，这些贫乏的证据使物种鉴定困难重重，有时甚至不可能被鉴定。科学家们因此对物种鉴定和各物种相互关系的辨别产生了分歧，其中在人类学领域里的分类学和系统学争论最多。我将避开这些争论，重点说明人类家族树的全貌。

南方古猿和人属

非洲人类化石的记录一直在缓慢推进。最早的记录是在1924年，雷蒙德·达特宣布发现了著名的塔翁（Taung）小孩。这件标本包括一个小孩的不完整的头骨化石，即部分颅骨、面骨、下颌骨和脑壳。标本取这个名字是因为它是在南非塔翁石灰岩采石场被发现的。虽然不能准确测定采石场堆积物的年代，但科学的估测推测，这个小孩生活在约200万年前。

塔翁小孩有许多似猿的性状，例如脑部很小，上下颌骨向前突出。同时，达特还注意到他所具有的一些似人的性状，例如上下颌骨不像猿那么突出，颊齿咬合面平，犬齿小。最重要的证据是他的枕骨大孔的位置。枕骨大孔是头骨基部的开口，脊髓通过此孔进入脊柱。猿类的枕骨大孔接近颅底相对靠后的位置，而人类的则接近于颅底中央。二者枕骨大孔位置的差别反映了行走姿势的不同：人类两足行走，头平衡于脊柱顶端；猿类的姿势则相反，头向前倾。塔翁小孩的枕骨大孔在颅底中央，这表明他是一只两足直立行走的猿。

　　尽管达特确信塔翁小孩属于人类，但是在过了几乎四分之一个世纪后，人类学家们才认可这个化石标本是人类的祖先而不只是一只古猿。反对把非洲作为人类进化地区的偏见，以及"这种似猿物种可能是人类祖先"这一理念让人普遍产生的反感相结合，使得达特的发现长期湮没无闻。直到20世纪40年代后期，人类学家们才认识到自己的错误。达特和苏格兰人罗伯特·布鲁姆一起，在南非的斯泰克方丹（Stekfontein）、斯瓦特克朗（Swartkrans）、克罗姆德拉伊（Kromdraai）和马卡潘斯盖特（Makapansgat）四个山洞遗址中，发现了大量的早期人类化石。达特和布鲁姆依照当时人类学的习惯给他们发现的每个化石以新的种名命名。于是，很快就在南非出现了一个生活在300万到100万年前之间的，一个由不同人种先后生活在一起的动物园。

　　20世纪50年代，人类学家们将已有的多个人种合并在一起，只承认两个物种。二者都是像塔翁小孩那样两足行走的似猿动物。这两个物种的主要差别在于颌骨和牙齿。两者的颌骨和牙齿都很大，但是一个比另一个更加粗壮。较纤细的被称为"南方古猿非洲种"（*Australopithecus africanus*），这是达特于 1924 年给塔翁小孩的名称，意思是来自非洲的南方古猿；较粗壮的被直接命名为"南方古猿粗壮种"（*Australopithecus robustus*）（见图 2-1）。

从牙齿构造上可以明显地看出，无论是非洲种还是粗壮种，他们都以植物为食。猿类齿尖尖锐，适合吃相对柔软的水果和其他植物，而南方古猿的颊齿较平，形成碾磨面。我猜测最初的人种，如果饮食习惯与猿相似，那么其牙齿也会与猿相似。在 300 万到 200 万年前之间，人类已开始吃硬水果和硬壳果等较坚硬的食物。这几乎可以肯定南方古猿的生活环境比猿类的更干燥。粗壮种吃的食物特别坚硬，要靠硕大的臼齿大面积碾磨，所以他们的牙齿被归为"磨石臼齿"是事出有因的。

玛丽·利基于 1959 年 8 月发现了东非的第一件早期人类化石。她在奥杜威峡谷搜寻了 30 多年化石沉积物，终于如愿以偿，发现了与南非的南方古猿粗壮种相似的磨石臼齿标本。然而这个奥杜威标本甚至比其南非表亲更粗壮。

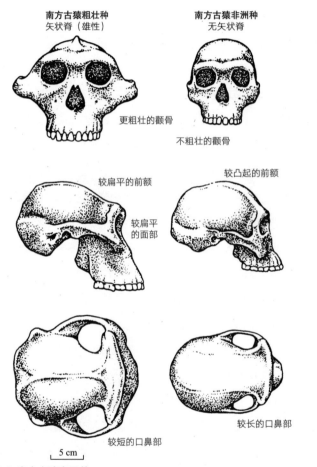

南方古猿粗壮种
矢状脊（雄性）

南方古猿非洲种
无矢状脊

更粗壮的颧骨

不粗壮的颧骨

较扁平的前额

较凸起的前额

较扁平
的面部

较短的口鼻部

较长的口鼻部

5 cm

图 2-1 南方古猿表兄弟

南方古猿粗壮种和鲍氏种与非洲种的主要区别在于咀嚼机制，其中包括颌骨和颧骨的
构造及肌肉附着的位置。粗壮种以粗糙的植物为食，需要用力咀嚼。

　　路易斯·利基与玛丽一起参与这项长期的搜寻工作，他将这个标本命名为"鲍氏东非人"（*Zinjanthropus boisei*），鲍氏这个种名来自查尔斯·鲍伊斯（Charles Boise），他曾与我父母在奥杜威峡谷等地一起工作。人类学首次应用现代地质测年法，确定鲍氏东非人生活在距今 175 万年前。由于假定他是南方古猿粗壮种在东非的变体或地理变异种，鲍氏东非人这个名字最后变为南方古猿鲍氏种。

　　名称本身并不特别重要，重要的是这些人种有同样的基本适应特征，他们都两足行走、脑部较小而颊齿相对较大。1969 年，我第一次到图尔卡纳湖东岸考察时，在干涸的河床上发现的头骨，其特点与这些人种完全吻合。

　　通过观察各种骸骨的尺寸，我们发现，雄性南方古猿比雌性大得多，前者身高超过 1.5 米，而后者不到 1.2 米；雄性的体重几乎是雌性的两倍，今天我们在稀树草原的狒狒身上也能看到这种雌雄差别。因此我们可以合理推测，占优势的雄狒狒靠竞争来接近成年雌狒狒，而南方古猿的社会结构也是如此，正如在前面已经特别提及的那样。

鲍氏东非人出土一年后，我的哥哥乔纳森（Jonathan）也在奥杜威峡谷发现了另一种人类头骨片，这让人类史前时代的故事变得稍显复杂。与已知的南方古猿相比，这块头骨片相对较薄，说明其个体的身体结构更轻巧，他的颊齿较小，最重要的是他的脑部几乎大出 50%。我的父亲推断，南方古猿虽是人类祖先的一部分，但这块新标本代表了产生现代人的那支物种。父亲不顾同行的质疑，在达特的建议下将该属早期的第一个成员命名为"能人"（*Homo habilis*），意思是"手巧的人"，暗含的意思是这个物种能制造工具。

反对声中有些微妙的缘由，是由于路易斯为了给这个刚出土的化石归为人属，改变了一个已被广泛接纳的定义。在那时，英国人类学家阿瑟·基思（Arthur Keith）爵士提出了人属的标准定义：人属的脑容量不应少于 750 毫升，这个数字是现代人和猿类脑容量的分界线。而路易斯在奥杜威新发现的化石的脑容量只有 650 毫升，他依然判断它属于人类，因为它的头骨更像人类。所以他提出把人类与猿类的脑容量分界线变为 600 毫升，以将新标本归入人属。经过激烈争论，这个新定义最终被接受。不过，此后的发展结果是：

650 毫升对于能人的平均成年脑容量来说相当少，800 毫升才是一个更为接近的数值。

这些物种的进化形式比名称更重要。早期人类有两种基本类型：一种类型脑部小而颊齿大，如各种南方古猿；另一种类型脑部大而颊齿小，即人属（见图 2-2）。二者都是两足行走，但人属在进化中发生了明显异常的事件。我将在下一章中充分阐述这些事件。无论如何，对于距今 200 万年左右人类家族树的形态，人类学家们仍一知半解。人类家族树有两根主支：一是 100 万年前就已灭绝的南方古猿，二是发展成为当今现代人的人属。

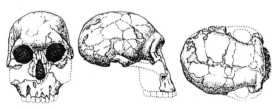

5 cm

图 2-2 早期人属

该化石于 1972 年在肯尼亚出土，以其博物馆编号 1470 而广为人知，生活在距今约 200 万年前，是最完整的早期能人标本。与南方古猿相比，他的脑部明显增大而牙齿变小。

人类家族树之谜

　　研究过化石记录的生物学家们都知道，当一个物种随着新的适应而产生时，在之后的几百万年里，它会繁衍出多种保留原始物种特点的后裔种，这就是适应性辐射。剑桥大学的人类学家罗伯特·弗利（Robert Foley）计算过，如果两足行走的猿在进化时遵循适应性辐射的通常形式，那么从700万年前两足猿类起源到今天，至少存在过16个物种。人类家族树起初是一个主干（创始种），随着时间的推移而出现新的分支，当有的物种灭绝时，树的分支会减少，最后仅留下一支继续存活下来，成为智人。我们已知的这些化石记录与这棵树上的分支怎么才能匹配呢？

　　在人们接纳能人后的很多年内，大家一直以为，在200万年前只存在3种南方古猿和人属的1个种。4个共存的种似乎有点少，我们原本期望人类家族树在史前时代的这段时间里有更多的分支。事实上最新研究表明，当时至少有4种南方古猿与2～3种人属物种亲密生活在一起。这一画面并不确定，但是如果人种与其他哺乳动物物种一样（没有理由认定他们在这一时期不是这样），那么这一情境就恰好符合生物学家的期望。问题是，在早于 200 万年前的时期之内发生过什么？人类家族树上有多少分支，他们又是什么样子的呢？

请注意，200 万年前的化石记录很少，而再向前追溯到早于 400 万年前，更是一片空白。已知的早期人类化石都出自东非。我们在图尔卡纳湖东部发现了大约 400 万年前的一段上臂骨、一块腕骨、几块颌骨碎片和一些牙齿。美国人类学家唐纳德·约翰森（Donald Johanson）及其同事们在埃塞俄比亚的阿瓦希（Awash）地区，发现了一根同时代的腿骨。但要还原人类史前时代的早期历史，仅靠这些材料是远远不够的。然而，在这个化石匮乏的时代却出现了一个例外，在埃塞俄比亚的哈达（Hadar）地区，出土了一大批距今 390 万到 300 万年的化石。

20 世纪 70 年代中期，以莫里斯·塔伊布（Maurice Taieb）和约翰森为首的一个法美联合考察队，发现了许多化石骸骨，其中包括一个小个子的全身大部分骨架，她后来被称为露西（Lucy，见图 2-3）。露西去世时是一个成年女性，身高不到 1 米，臂长而腿短，身体结构极像猿。

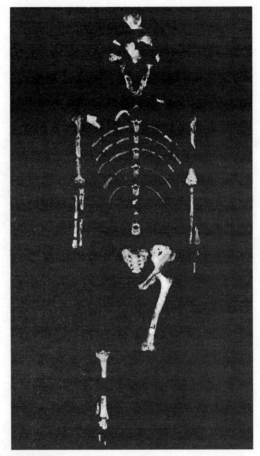

图 2-3　露西部分骸骨

约翰森及其同事们于 1974 年在埃塞俄比亚发现了这具骸骨。露西是一个身高近 1 米
的女性，同一物种的男性比她高得多。她生活在 300 多万年前。

　　从这个地方挖出来的其他个体化石显示，其中许多个体要比露西大，高超过 1.5 米，而且在牙齿的大小、性状和颌骨的突出程度等方面，比大约 100 万年前或更晚时生活在南非和东非的人类更加像猿类。当我们越来越靠近人类的起源时间时，这些发现正是我们所期望见到的。

　　最初看到在哈达发现的化石时，我觉得它们至少代表了两个甚至多个种。我认为，300 万年前南方古猿属和人属各个物种因分化而产生了多样性，所以我们看到的 200 万年前的物种有可能沿袭了这种多样性。塔伊布和约翰森最初支持这种形式的人类进化假说，但约翰森和加利福尼亚大学伯克利分校的蒂姆·怀特（Tim White）做了进一步的分析之后，于 1979 年 1 月在《科学》杂志上发表了一篇文章。他们指出，在哈达发现的各种化石只是一个原始人种的骨骼，约翰森将其称为南方古猿阿法种（*Australopithecus afarensis*）。一开始，由于其体型大小会出现大幅变化，所以人们曾误以为这些化石源自多个物种，而现在这种大范围变化被简单地解释为性别二态性。他们认为，人科中后来兴起的物种都是这个物种的后代，我的许多同事对这个大胆理论惊讶不已，引发了多年的激烈争论（见图 2-4）。

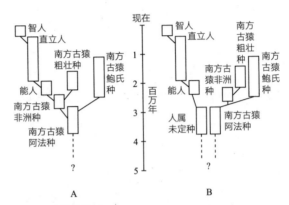

图 2-4　人类家族树

不同学者对人类进化史的推测虽然整体相似，但他们对于现有的化石证据有不同的看法。上图是简化版人类家族树的两种变体。我更支持 B，在 B 中，已知最早的一些化石被归为人属，他们或许是能人的祖先。化石记录并未向前延伸到人科的起源时间，按分子遗传学推论，这一时间约为 700 万年前。

尽管人类学家们后来赞同约翰森和怀特的观点，我却不以为然。原因有两点：首先，在哈达发现的化石，其尺寸和解剖变异差别很大，不可能只代表一个物种。这些化石应出自两个或多个物种，曾是哈达地区考察队一员的伊夫·科庞也持这种观点。其次，约翰森和怀特的观点毫无生物学意义，如果人类起源于 700 万年前或甚至只是在 500 万年前，而这个 300 万年前的物种却成了较晚时期物种的祖先，这让人难以接受。这并不是典型的适应性辐射，除非有更合理的解释，否则我们必须相信，人类历史的发展应遵循典型模式。

能让每个人都满意的解决这一问题的唯一途径就是：发现和分析更多早于 300 万年前的化石。这在 1994 年初期得以实现。由于种种原因，约翰森及其同事们有 15 年未回到哈达地区，而从 1990 年起，他们又前去考察了三次，终于劳有所获，发现了包括第一具完整头骨在内的 53 件化石标本。新发现不仅证实了之前发现的化石体型大幅变化现象，甚至还扩大了体型的变化范围。如何解释这个事实呢？这些化石是来源于一个物种还是多个物种，真相是否即将大白呢？

然而，这一问题没有得到解决。有些人认为，早期出土化石的体型变化范围代表了雌雄性身材差异，新发现的化石也是如此。而其他人认为，体型变化范围如此之大，代表的必然是物种之间的差异，而不是物种内部差异，这些新化石印证了这一观点。总而言之，早于 200 万年前的人类家族树形状仍是未解之谜。

　　从 1974 年出土的露西部分骨架中，似乎隐约可见早期人类在结构上对两足行走的适应程度。根据定义，大约 700 万年前出现的最初的人种是一种勉强称得上两足行走的猿。但直到人们发现了露西的骸骨，通过其骨盆、腿骨和脚骨等重要线索，人类学家才明确证实，有一个人类的物种，在距今约 200 万年前甚至更早，就已经能用两足行走了。

　　从骨盆形状、大腿骨与膝盖之间的角度，可以清楚地看出，露西及其同伴已适应于某种方式的直立行走。这些解剖性状更像人类而不是猿类。实际上，最先对这些骸骨做解剖研究的欧文·洛夫乔伊曾说，该物种的两足行走与我们现在走路的方式无法区分。但并非每个人都同意他的看法，纽约州立大学石溪分校的解剖学家杰克·斯特恩（Jack Stern）和兰德尔·萨斯曼（Randall Susman），于 1983 年在一篇文章中发表了不同的见解，他们认为："露西具有完全适合于一直用两足直立行走的动物的全部性状，同时又保留了有效利用树木的解剖性状，以采食、睡觉或躲避敌害。"

　　斯特恩和萨斯曼提出了有利于结论的关键性依据，即露西的脚骨稍稍弯曲，像猿而不像人，这有助于在树上攀爬。洛夫乔伊对此并不赞同，他认为弯曲的脚骨只是露西进化留下的残迹。两派对立了十多年，研究者在 1994 年意外发现了新证据，从而打破了这种相持状态。

首先，约翰森及其同事们发现了南方古猿阿法种的 300 万年前的两块臂骨、一根尺骨和一根肱骨。这个物种显然是强壮有力的，其臂骨和黑猩猩的臂骨有些相似，而其他特征则与黑猩猩不一样。伦敦大学学院的人类学家莱斯利·艾洛（Leslie Aiello）针对这一发现，在《自然》杂志的一篇文章中写道："南方古猿阿法种的尺骨混杂形态，加上其肌肉厚实、上臂骨粗壮的特征，极其适合既在树上攀爬，又在地上两足行走。"我也支持这种说法，它高度匹配萨斯曼的观点而不是洛夫乔伊的观点。

用计算机断层扫描来了解这些早期人类的内耳解剖结构等新技术让这一观点得到更加有力的支持。内耳中有 3 根 C 形半规管，它们彼此垂直，其中有 2 根垂直于地面，这类构造对维持身体平衡起着关键作用。1994 年 4 月，利物浦大学的弗雷德·斯普尔（Fred Spoor）在一次人类学会议上描述了人和猿的半规管。人类的 2 根垂直于地面的半规管比猿类的大得多，他将其解释为：两足行走的物种需要适应直立姿势平衡这一特殊需求。那么早期人类是怎样的呢？

人们对斯普尔的看法大吃一惊。所有人属物种的内耳结构与现代人无法区分，同样，南方古猿和猿类的半规管也很相似。这是否意味着南方古猿也像猿一样四足行走吗？但从骨盆和下肢结构来看，事实并非如此。1976 年，我的母亲发现了 375 万年前火山灰层里一串似人的脚印，也印证了这个观点。但是如果内耳结构完全代表习惯性姿势和运动方式，那么此类证据暗示着南方古猿既不像我们现代人这样，也不像洛夫乔伊所认为的那样。

洛夫乔伊好像打算从一开始就把人科成员设想成与现代人相似的样子。正如我在本章前面部分曾经讨论过的一样，人类学家也倾向这一观点。但我认为我们祖先所显示的生活方式像猿，树木在他们的生活中至关重要。我们是两足行走的猿，看到支持祖先的生活方式像猿的证据不应感到吃惊。

谁是石器制造者

　　现在我要转换话题，开始研究祖先行为的实物证据——石头。黑猩猩能熟练使用工具，用枝条钓蚂蚁、用树叶做勺子、用石头砸开硬壳果。但至今为止没有人在野外见过黑猩猩制造石器。而人类在 250 万年前开始用两块石头碰撞，以制造边缘锋利的工具，从而开启了使用一系列技术的人类史前时代。

　　小石片是最早的工具，它是通过两块石头互相击打而制得的。原材料通常是熔岩卵石。石片长约 12.5 厘米，非常锋利，它看似简易，但有很多用处。伊利诺斯大学的劳伦斯·基利（Lawrence Keeley）和印第安纳大学的尼古拉斯·托特（Nicholas Toth）在显微镜下观察了一些出土于图尔卡纳湖东岸营地的 150 万年前的石片，寻找使用过的痕迹。他们发现石片上有各种由于割肉、砍树或切割草类等较软植物而引起的擦痕。当我们在考古遗址发现了散落在各处的石片时，能想象到那里的生活曾经很复杂（虽然遗物本身很少，但要考虑到肉、树木和草等遗迹都已消失得无影无踪了）。即使我们现在看到的只是一些石片，也能想象出那片曾经安扎在河边的营地，人类家族在用小树搭架、用茅草盖顶的房子里宰割肉类。

最早的石器组合除石片外，还包括砍砸器、刮削器和各种多边器等较大工具，距今已有 250 万年的历史。这些器物多数是用熔岩卵石削成的。玛丽·利基曾多年在奥杜威峡谷研究这种技术，将其命名为奥杜威石器工业，早期非洲考古学由此建立。

尼古拉斯·托特根据其制造石器的实验结果得出结论：早期工具制造者在制造各种工具时，没有设想过这些石器的特殊形状，或者说他们的心里没有模板。石器的不同形状更有可能取决于原材料原本的样子。奥杜威石器工业是直到约 140 万年前唯一的技术类型，其制造器具的本质是随机产生，样式不一，无规律可循。

石器的制造引发了一个有意思的认知能力的问题：早期工具制造者的心智能力与猿类的心智能力是否相似，只是表现形式有差异，还是前者更聪明？工具制造者的脑部比猿类的脑部约大 50%，所以这一问题的答案似乎显而易见。但科罗拉多大学的考古学家托马斯·温（Thomas Wynn）和苏格兰斯特林大学的灵长类学家威廉·麦克格鲁（William McGrew）对此表示反对。他们分析了猿类的某些操作技能，并在 1984 年发表的《从猿的视角看奥杜威石器工业》（*An Ape's View of the Oldowan*）一文中指出："奥杜威工具的所有空间观念都存于猿的心中。事实上，所有大型猿类可能都具有上述空间能力，这使奥杜威的工具制造者并非独一无二。"

这种说法实在让我惊奇，因为我曾看过人们将两块石头互相猛击，试图做出石器时代的工具，却从未成功过。石器并不是那样做出来的。为了制造石器，托特花费多年时间来完善技术，掌握了从石头上打下石片所应用的力学原理。为了提高制造效率，打石片的人必须选择一块形状合适的石头，从正确的角度进行击打，这个动作本身只有通过多次实践，才能将适当力度的力施加于正确的地方。托特在 1985 年发表的文章中写道："很明显，早期制造工具的原始人对加工石头的基本法则有着较准的直觉。"他后来告诉我："毫无疑问，早期工具制造者具备超出猿类的心智能力，制造工具需要靠运动能力和认知能力的相互协调。"

　　美国亚特兰大的语言学研究中心做了一项实验以测试这个问题。心理学家休·萨维奇·朗博（Sue Savage Rumbaugh）十几年来一直研究黑猩猩的交流能力。她与托特合作，试图教一只名叫坎兹（Kanzi）的黑猩猩制造石片。坎兹以一种创新的思维方式制造锋利的石片，但迄今为止，它仍没能重复早期工具制造者曾用过的系统打片技术。我认为，这表明托马斯·温和麦克格鲁是错误的，早期工具制造者有着超出现代猿类的认知能力。

　　也就是说，最早的工具靠奥杜威石器工业随机产生，样式不一，这一点仍是真实的。大约在 140 万年前，非洲出现了一种新型石器组合，考古学家们将其称为阿舍利石器工业，因为在法国北部的圣阿舍利（St. Acheul）首次发现了这些工具的晚期变体。于是，在人类的史前时代第一次有证据表明：石器制造者心中有一个模板，他们按照自己的想法，有意识地把原材料塑造成某种形状。呈泪滴状的阿舍利手斧就是靠精湛的技术和耐心而制造出来的（见图 2-5）。托特和其他实验员研究了好几个月，才积累足够的技术制造出与阿舍利手斧同等质量的手斧。

图 2-5 制造工具的技术

下两排是奥杜威工业制造的石器代表。包括一件石锤（白卵石）、砍砸器和刮削器（与石锤在同一排）、小而锋利的石片（第三排）。上两排是阿舍利时期的器物。较特殊的有手斧（两件泪滴形工具）、薄刃砍砸器、手镐，以及与奥杜威石器组合相似的小工具。

根据考古记录，手斧随着直立人的出现而出现。直立人被认为是能人的后代，是智人的祖先。我在下一章中将指出，直立人比能人的脑子大得多，所以可以推论说他们是手斧的制造者。

当祖先发现了制造锋利石片的诀窍时，人类史前时代便有了一次重大突破，即人类突然得到了以前可望不可即的食物。正如托特展示的实物那样，小小的石片是一种很高效的工具，除了那些极其坚韧的兽皮之外，能切开其他所有的兽皮，使兽肉暴露出来。制造和使用这些石片的，无论是猎人还是拣食残尸者，都能让自己获得一种全新的能量源——动物蛋白。这样，他们不仅扩大了自己的觅食范围，而且增加了生育后代的成功率，因为生殖过程极其消耗能量，食用肉类会使这一过程更加安全。

当石器、南方古猿和人属的几个种陆续出土后，人类学家们就会老生常谈：谁制造了工具？如何确定这个制造者？这些问题很难回答。如果我们发现，石器只和人属而非南方古猿的化石在一起，那我们就可以得出结论说人属是唯一的工具制造者。但史前的化石记录没有这么界限分明。萨斯曼研究过南非出土的他所认定的南方古猿粗壮种，根据其手臂的解剖性构造得出结论，这一物种具备足够的动手能力来制造工具。但对于它是否制造过工具，我们无从知晓。

我个人的见解是，我们应当寻找最简单的解释。史前时代的记录表明，距今 100 万年前以内的时期里，只有人属成员存活过；我们还知道他们制造了石器，所以史前时代只有人属能制造工具的推论是正确的，除非有足够的理由支持其他的设想。各种南方古猿和人属很明显有不同的适应能力，人属吃肉就很有可能是二者的一个重要差别。制造石器是食肉者能力的重要部分，但是没有这些石器工具，食草者也能存活下来。

托特在肯尼亚研究考古遗迹里的工具并做制造工具的实验时，有一个重大发现。最早的工具制造者和现代人一样，使用右手的比使用左手的多。虽然猿类有的是右利手，有的是左利手，但二者比例差不多。现代人在这方面独树一帜。托特的发现使我们对人类进化有了一项重要的认识，即大约200万年前，人属的脑子已经变成了真正的人脑。

The
Origin of
Humankind
03

不同种类的人

从牙齿生长的年龄、两足行走的灵活性等特征来看，南方古猿更类似于猿类，而早期直立人等人属成员更类似于现代人。人属成员的雌雄个体身材差异比南方古猿小，这反映了社会结构的变化。

过早出生的人类

近年来的研究成果既令人兴奋又充满想象力，使我们能通过化石深入了解那些早已不复存在的祖先的生物学特征，例如对人类某一物种个体的断奶时间、性成熟时间和预期寿命等问题作出合理猜测。我们凭借已有的认识得知，人属自刚出现开始就是一种不同的人类。南方古猿和人属之间存在着生物学上的不连续性，这从根本上改变了我们对人类史前时代的认识。

人属出现之前，所有两足行走的猿的脑部

很小、颊齿很大、上下颌向前突出，并且以一种似猿的方式
生存。他们以植物性食物为生，生活环境可能与现在生活在
稀树草原的狒狒类似。南方古猿除了行走方式像人类以外，
其他方面与人类大相径庭。我们仍不清楚第一批脑部增大的
人类究竟是在 250 万年前的具体什么时间出现的。牙齿的
变化也可能是一个适应过程，发生在人类以植物作为唯一食
物向食肉的转变期间。

　　20 世纪 60 年代第一批能人化石出土后，人们已经弄清
了最早人属的大脑体积和牙齿构造的变化。也许是因为我们
现代人过于注重大脑机能的重要性，所以人类学家们过于关
注能人进化过程中大脑体积的突变——从大约 450 毫升增
大到 600 多毫升。这无疑是一个把人类史前时代引导至新
的方向上来的进化适应的重要部分。但这只是一部分而已。
对于祖先在生物学方面的新研究表明，能人在其他许多方面
也有所改变，从像猿类变得更像人类。

　　婴儿初生时不能自立，要经历一段较长的儿童期，这
是人类发展的重要方面之一。此外，正如每个父母皆知的
是，儿童在青春期会经历生长突增，身高以惊人的速度增

长。在动物界中只有人类才有这种现象，而包括猿类在内的大多数哺乳动物，是从婴儿期几乎直接进入成年期的。从儿童期到成年，人类在生长突增期身材尺寸增大约 25%；黑猩猩的生长曲线比较稳定，它们的身体在青春期只增大14%。

密歇根大学的生物学家巴里·博金（Barry Bogin）对人类和猿类的生长曲线差别另有高见。人类儿童的生长速率比猿类慢，但是脑部的生长速率相似。因此，如果人类儿童按照正常的猿类生长速率发育，其身材将比实际尺寸要大。博金认为，如果青年人必须接受文化熏陶，他们在生长突增期所获的益处必然和高强度的学习相关。如果儿童在发育时和成人的身材尺寸差别很大，那么他们可以建立一种师生关系，使儿童可以更好地向成人学习。如果幼儿身体按照与猿类相似的生长曲线发育，那么他们会出现对抗关系而不是师生关系。当学习期结束时，身材会在生长突增期迅猛增长，赶上成年人。

人类通过高强度的学习才能成为人，他们不仅要学习生存技能，还要学习惯例、社会习俗、家族关系和法律，这些统称为文化。不能自立的婴儿受照顾、较大的儿童受教育，这种环境比猿类社会更具有人类的特征。可以说，文化是人类独有的适应能力，正是人类在儿童期和成熟期的独特生长模式使文化成为可能。

　　然而，人类的初生婴儿所表现出的不自立，是出于生物学上的需求而不是文化上的适应。人类受脑部和骨盆结构的制约，婴儿不得不早早地来到世上。生物学家们后来才认识到，脑部大小不只影响智力，还与许多被称为生命历史因素的东西密切相关，比如断奶的年龄、性成熟的年龄、妊娠期和寿命等。物种的脑部越大，这些因素就越长。在脑部较大的物种中，婴儿断奶时间较晚、性成熟晚些、妊娠期更长、个体寿命更长。根据与其他灵长类对比得出的一项简单的计算结果显示，智人的平均脑量为 1 350 毫升，按计算其妊娠期应该是 21 个月，而不是实际的 9 个月。因此人类婴儿在出生后需要经过一年时间才能长到相应尺寸，在此之前他们不能自立。

　　为什么会这样？为什么大自然让新生儿早早地进入危险的世界？原因与脑部有关。猿类幼崽的脑量平均约为 200

毫升，是其成年时脑量的一半，这种只需要增加 1 倍的脑量在猿类生命的早期就可以迅速达到。而人类新生儿的脑量只是成年人的 1/3，成长早期时脑体积需要增加 2 倍。人类与猿类的脑部生长情况相似，都会在生命的早期生长到成年的尺寸。所以如果人类像猿类一样只让脑量增加 1 倍，那么人类新生儿的脑量必须为 675 毫升。女人们都知道，脑部是正常体积的婴儿分娩时就已经很困难了，甚至会威胁自己的生命，更不用说更大的脑袋了。的确，在人类进化过程中，骨盆的开口逐渐增大以适应增大的脑部。但是骨盆开口的增大程度有限，要受到两足行走的工程学所需要的尺寸的限制。当新生儿的脑量达到现在的 385 毫升时，骨盆开口就已经达到了上限。

从进化的角度看，我们可以说当成年人类的脑量超过770 毫升时，原则上人类就摆脱了似猿的生长模式。若超过这个数字，成年脑量必然会是初生时的两倍多，使婴儿"过早"进入人世，无法自立。成年能人的脑量为 800 毫升左右，处于人类与猿类生长模式的临界点。早期直立人的脑量大约是 900 毫升，使他有进化为人的趋向（见图 3-1）。请记住，我在论证这一问题时说了"原则上"这个词，因为我假设直

立人的产道与现代人的一样大。事实上，我们通过测量图尔
卡纳男孩的骨盆，可以较清楚地认识到直立人在这方面的
特征。图尔卡纳男孩是我和同事们于 20 世纪 80 年代中期，
在图尔卡纳湖西岸附近发掘的早期直立人骸骨。

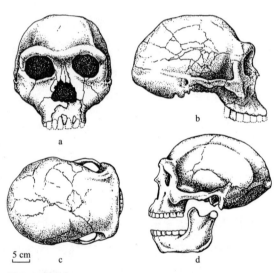

图 3-1　直立人

a、b、c 是 1975 年在图尔卡纳湖东部发现的 KNMER 3733 号头骨
的三视图。它的脑量为 850 毫升，生活在大约 180 万年前。为了
进行比较，d 是在中国发现的直立人（北京人）的侧视图，其脑量
为 1 000 毫升，比 3733 号头骨晚 100 万年。

　　由于男性和女性的骨盆开口大小相似，所以测量图尔卡

纳男孩骨盆开口的尺寸，就能正确估计其母亲的产道大小。
我的朋友兼同事艾伦·沃克是约翰斯·霍普金斯大学的解剖
学家，他用出土时七零八落的骸骨重建出这个男孩的骨盆
（见图 3-2）。通过测量其开口大小，他发现该骨盆比智人的
骨盆小。由此，他计算出直立人新生儿的脑量大约为 275
毫升，远远小于现代人新生儿的脑量。

　　显而易见，直立人和现代人一样，婴儿出生时的脑子大
小为成年时体积的 1/3，出世时必然都无法自立。可以推测，
母亲悉心照顾婴儿是现代人社会环境的一部分，这在 170
多万年前的早期直立人中就开始发展了。

　　我们不能用类似的方法衡量直立人的直系祖先——能
人，因为还没有发现能人的骨盆。但是如果能人婴儿刚出
生时的脑部和直立人新生儿一样大，那么他们出生时同样
无法自立，需要"过早"出生，只不过时间不会像直立人
那么长。他们也需要生活在一个与人类一样的社会环境中，
但程度略低。所以从一开始，人属就朝人的方向发展。同
样，各种南方古猿具有似猿的脑部，所以其早期发展阶段
也遵循似猿的模式。

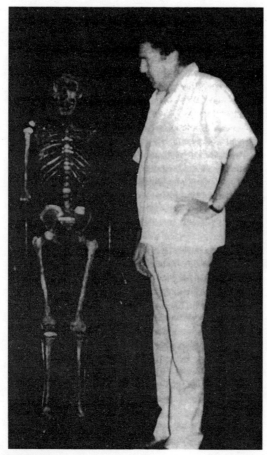

图 3-2 图尔卡纳男孩

这是 9 岁的直立人的复原骨架，可以看出，他的身体结构与人的很相似。旁边站着的是沃克，这副骨架的重建者。

　　在无法自立的这段较长时期里，婴儿需要父母悉心照料，这已被确认是早期人属的特点。除婴儿期以外的儿童期的其他阶段又有什么特点呢？儿童期延续到什么阶段才足以学习实践和文化技能，随后出现生长突增期呢？

　　现代人身体生长比猿类缓慢，所以童年期相对长一些。这使人类生长过程中达到各个阶段的里程碑的耗时也较长。例如，人类在大约 6 岁、11 ~ 12 岁、18 ~ 19 岁分别长出第一、第二、第三恒臼齿，而猿类则分别是在 3 岁、7 岁和 9 岁。我们需要研究颌骨化石以判断其臼齿的生长时间，从而弄清史前人类的童年何时变长的问题。

　　例如，图尔卡纳男孩死时刚长出第二臼齿。如果直立人童年时期遵循发育较慢的人类发育形式，则意味着这个儿童死时大约 11 岁。但是如果直立人的生长曲线与猿类的相似，则此儿童死时应为 7 岁。在 20 世纪 70 年代初期，美国宾夕法尼亚大学的艾伦·曼（Alan Mann）全面分析了人牙化石并得出结论：南方古猿和人属所有的种在儿童期都遵循缓慢生长的人类类型。他支持包括南方古猿在内的人科所有的种都遵循现代人类型的传统认知，其研究极有影响力。

的确,我们在观察图尔卡纳男孩下颌骨时,发现他刚长出第二臼齿,于是我推测,他如果像智人,死时就是 11 岁。作为南方古猿非洲种的塔翁小孩,他死时正在长出第一臼齿,所以我推测他死时是 7 岁。

20 世纪 80 年代后期,几位研究人员否定了我的推测。美国密歇根大学的人类学家霍利·史密斯(Holly Smith)认为脑量与第一臼齿长出的年龄有关,以此判断化石人类的生活类型。史密斯搜集了人和猿的资料作为基线,然后研究了许多人类化石,对二者进行比较,得到三种等级的生活史类型:一是现代人等级,6 岁长出第一臼齿,寿命 66 岁。晚期直立人,也就是 80 万年前以后的人,还有尼安德特人都符合现代人等级。二是猿的等级,刚过 3 岁长出第一臼齿,寿命大约 40 岁,如各种南方古猿。三是中间等级,如图尔卡纳男孩那样的早期直立人,4 岁半长出第一臼齿,如果他没有夭折,可以期望活到 52 岁左右。

史密斯的研究表明,南方古猿的生长类型与现代人不同,他们更像猿类。而早期直立人的生长发育介于现代人与猿类之间,所以我们如今得出如下结论:图尔卡纳男孩死时大约

9 岁，而不是我最初推测的 11 岁。

这些结论与一整代人类学家们的设想截然相反，因而引起很大争议。当然，也可能是史密斯错了。所以，在这样的情况下，我们希望能进行相关研究工作以确认这些结论。解剖学家克里斯托弗·迪安（Christopher Dean）和蒂姆·布罗米奇（Tim Bromage）那时在伦敦大学学院研究出直接确定牙齿年龄的方法。就像用年轮计算树木年龄一样，他们在显微镜下观察到，牙齿的线代表年龄。由于我们不能确定这些线的形成方式，所以这个计算方法并不像听上去那么简单。尽管如此，迪安和布罗米奇还是开始用该技术研究一个南方古猿的下颌骨。从其牙齿发育程度来看，该下颌与塔翁小孩的下颌一致。他们还发现，这个南方古猿死时刚过 3 岁，正在长出第一臼齿，这表明他遵循一种似猿的生长曲线。

当迪安和布罗米奇研究其他一些人牙化石时，他们也像史密斯那样提出三种等级：现代人等级、猿的等级和中间等级。这再次表明，南方古猿处于猿的等级，晚期直立人和尼安德特人是现代人等级，早期直立人是中间等级。这些研究结果再次引起讨论，尤其是南方古猿的生活究竟像人类还是像猿类的讨论更加激烈。

圣路易斯华盛顿大学的人类学家格伦·康罗伊（Glenn Conroy）和临床学家迈克尔·范尼尔（Michael Vannier）把医学界的高科技引进人类学的实验室，结束了这场激烈的讨论。他们利用三维计算机断层扫描术，看到塔翁小孩下颌化石的内部，基本证实了迪安和布罗米奇的结论：塔翁小孩接近3岁时死亡，其生长曲线似猿。

通过化石研究生活史和通过研究牙齿发育来推测其生物学情况，就好像把血肉和骨骼完全匹配，对于人类学来说是很重要的能力。例如，我们认为图尔卡纳男孩会在4岁前断奶，假如他没有夭折，会在14岁时性成熟。他的母亲经过9个月的孕期，在自己13岁时生下第一个孩子，之后可能每三四年怀孕一次。这表明，到直立人出现的时候，人类祖先在生物学上已经脱离猿的等级而向现代人的方向发展，但南方古猿仍处于猿的等级。

人属的进化适应

　　早期人属向现代人的生长发育方式进化，这出现在一定的社会环境中：所有灵长类动物都是社会化的，现代人的社会性已达到顶峰。我们根据早期人属的牙齿证据，推测其生物学方面的变化，进而得出：这一物种已加强其社会交往，并创造出一种培育文化的环境。看起来整个社会结构都发生了重要变化。我们是如何发现这种变化的呢？通过比较男性和女性的身材，再考虑到狒狒和黑猩猩等现代灵长类动物雌雄身材大小的反差，我们可以清楚地看出这些变化。

　　前面说过，稀树草原上的雄狒狒的身材是雌狒狒的两倍。灵长类学家发现，成年雄性之间激烈竞争以获得交配的机会，从而产生体型差异。与大多数灵长类动物一样，雄狒狒成年时会离开原来的群体而加入附近其他群体，之后便与已在该群体定居的其他雄性处于竞争状态。在大多数狒狒群中，以移居形式存在的雄狒狒通常彼此没有亲属关系，所以也就不存在遗传原因让它们互相合作。

　　而在黑猩猩中，出于某些尚不清楚的原因，雄性留在出生时的群体，而雌性转移到别的群体。这使雄黑猩猩因遗传因素彼此合作以获得雌黑猩猩的青睐，因为它们是有一半共同基因的兄弟。它们还会合作对抗其他黑猩猩群。在狩猎时，它们常常合作把猎物猴子逼到树上。这种合作大于竞争的现象反映在了雌雄身材比例上，雄性只比雌性大15%～20%。

　　由于雄性南方古猿的体型大小与狒狒类似，因此可以合理假设，各种南方古猿的社会生活与我们现在见到的狒狒相似。当我们比较早期男女智人的身材时，可以明显发现已经出现的重要变化：男性身材比女性大不超过20%，与雌雄黑猩猩的比例相同。如同剑桥大学人类学家罗伯特·弗利和菲利斯·李（Phyllis Lee）论述的那样：在人属起源时，这种身材变化也代表社会结构的变化。早期人属中的男人们很可能与其兄弟们一起留在出生的群体里，而女人们转移到其他群体。他们之间的关系正如我所指出过的那样，促进了男性之间的合作。

　　我们无法确定导致社会结构发生这种变化的原因。出于某种未知的缘由，增进男人们之间的合作是有利的。有些人类学家曾认为，抵御相邻的人属部落的侵犯十分必要。那么，这种变化似乎完全是以经济需求为中心的。还有些证据将原因指向人属的饮食变化，例如肉类成为能量和蛋白质的重要来源。早期人属牙齿结构的变化以及石器技术的改进都表明其进化出了食肉的能力。此外，脑子作为人属身体结构的一个组成部分，必须有丰富的食物才能使其增大。

生物学家们深知，脑是新陈代谢耗费能量很多的器官。现代人脑子的重量只占身体的 2%，但耗费的能量却达到20%。在哺乳动物中，灵长类动物的脑子最大，而人类又很大程度地扩大了脑子的尺寸。体重相同的人和猿相比，前者的脑量是后者的 3 倍。苏黎世人类学研究所的人类学家罗伯特·马丁（Robert Martin）曾指出，人属脑量的增加与能量供应的增多同时出现。他认为，早期人属的食物必须既可靠安全又营养丰富。而肉类是热量、蛋白质和脂肪的集中来源，只有大大提高食物中肉类的比例，早期人属才能形成超过南方古猿的脑量。

综上所述，我认为早期人属的进化适应的主要内容在于意义重大的食肉能力。下一章中我们将看到，早期人属是靠捕猎活物还是仅靠拣食尸体为生，还是二者都有，这个问题在人类学中产生了很大争论。但我确定，食肉对于祖先的生活意义非凡，而且发展出同时获得植物性食物和肉类的新型生存战略，需要有相当复杂的社会结构和合作。

生物学家们认为，当一个物种的生存形式发生基本的变化时，其他各种变化就会随之产生。最为常见的是这种连带变化要求该物种产生新的解剖结构，以适应新的食物。我们已经看到，早期人属的牙齿和上下颌骨的构造与南方古猿不同，这大概是由于他们适应包括肉类在内的食物而形成的。

人类学家们后来才相信，早期人属和南方古猿的不同之处，除了牙齿之外，还有身体活跃度。有两个独立的研究证实了同一结论，即早期人属是第一个能有效奔跑的人种。

几年前，马丁的一个同事彼得·施密德（Peter Schmid）曾有机会研究著名的露西骸骨。他用玻璃纤维模型重组了露西的全身骨骼，希望将其基本还原为人的形状。但他对自己的所见十分惊讶，他看到露西的胸廓呈猿类的圆锥形，而不是人类的桶形，露西的肩、躯干和腰也很像猿类。

1989 年，施密德在巴黎的一次重要的国际会议上，陈述了自己的新发现的意义，这些意义非常重要。他说："南方古猿阿法种不能在奔跑时提升他的胸部以进行和我们一样的深呼吸。露西大腹便便却没有腰部，这限制了她的灵活性，而灵活性对于人类的奔跑很重要。"人属会奔跑，而南方古猿不会。

莱斯利·艾洛在研究体重和身材时指出了关于灵活性的第二个证据。她测量了现代人和现代猿的体重和身长，将其与化石人的体重和身长进行了比较。现代猿身体粗壮，其体重为同等身高的人的 2 倍。化石资料也清楚地分成了两种类型：南方古猿的身体构成像猿，而各种人属生物则像人。艾洛的发现和施密德的研究，与弗雷德·斯普尔在南方古猿和人属的内耳解剖构造上所发现的差异相符合：身材的改变有助于两足行走。

我在前文曾说，人属的进化不只伴随脑量的变化。现在可以看到其他的重大变化：南方古猿两足行走的灵活性受限，而人属行动敏捷。

　　之前我曾论述过，自然环境变化使两足行走这种更高效率的行动方式得以产生，从而使两足行走的猿能在不适合普通猿类生活的栖息地继续生存。当它们在开阔的林地寻找广泛的食物资源时，能在更大的地域范围内来来去去地搜寻。后来，一种新的行动方式与人属进化同时发生，它仍是两足行走，但却敏捷和活跃得多。现代人身体轻巧灵活，走路时大步迈进，身体能够有效地散热，这对于早期人属这种活跃于开阔且温暖环境的动物很重要。快速且大步的两足行走代表了人类适应的核心变化。我将在后面论述，该变化是如何促使其产生活跃的狩猎行为的。

　　纽约州立大学的人类学家迪安·福尔克（Dean Falk）强调说，活跃的动物散发热量的能力对其大脑的生理活动特别重要。她在 20 世纪 80 年代进行的解剖研究证明，人属脑部的血管结构使得从中流动的血液能冷却大脑，而南方古猿则不能。福尔克的这一热辐射假说，是支持人属巨大的适应性变化的又一论据。

南方古猿的灭绝

人属的进化适应显然是成功的，几乎不必多说，这一点从我们现在的情况可证。但是我们为何没有与其他两足行走的猿类成为同伴呢？

200 万年前，东非和南非的人属与几种南方古猿共生。但 100 万年以后，人属脱颖而出傲然独立，各种南方古猿濒临灭绝。我们倾向于认为灭绝意味着某物种不能克服自然界的挑战，是一种失败的标志。但事实上，99.9% 以上曾经存在过的物种都会由于运气差或基因问题而最终走向灭绝。那么，我们对南方古猿的命运了解有多少呢？

我常问自己，人属变成肉食者后是否会吃掉他们的南方古猿表兄弟，致使后者灭绝。我不怀疑早期人属经常像猎捕羚羊和其他动物那样，杀死易受攻击的南方古猿。但是南方古猿灭绝的原因很可能与其他的动物一样平常，没有特殊之处。

　　我们知道，直立人是第一批分布到非洲以外的人类，是极为成功的物种。早期人属数量也许发生了猛增，从而变为与南方古猿争夺赖以生存的食物资源的主要竞争者。此外，在距今 200 万到 100 万年前之间，狒狒这种生活在地面上的猴子也成功进化、数量暴增，且与南方古猿争夺食物。南方古猿可能死于由人和狒狒施加的双重竞争压力之下。

The
Origin of
Humankind
04

人类，杰出的
猎人？

食肉对于人类的进化意义非凡。从考古遗址中发现的证据表明，人类祖先的确用石片宰割过动物尸骸。但是这些肉食或许并非是人类狩猎得到的，很有可能是人类拾取的狮子、鬣狗的残羹剩饭。

狩猎者还是拣食者

　　早期人属的体质特点反映出他们对肉食的积极追求，换句话说，他们是寻找猎物的猎人，这一点得到了几个方面的证据的支持。狩猎和采集作为谋生的一种手段，从人类史前时代持续到了最近的时期。1万年前我们的先辈才开始发展农业，改变了这种简单的生存方式。人类学家们一直在研究的一个重要问题是，这种明显是人类特有的生存方式是何时出现的呢？是否像我说的那样，从人属开始时就已经存在了？或者只是随着现代人的进化，可能在10万年前才出现的？为了回答以上问题，我们必须仔细分析化石和考古记录中的线索，以探寻狩猎和采集这两种生存方式的信号。在本章中，读者可以看到，许多理论近几年来已有改变，这反映出我们看待自己和祖先的方式正在改变。心中若有一幅像我们所知的现代狩猎－采集人群搜寻食物的图景，对于仔细研究史前时代是有帮助的。

猎取肉食与采集植物相结合，是人类独有的一贯的谋生策略。这种策略超级成功，使人类在地球上除南极洲以外的每个角落繁衍生息。从水汽蒙蒙的雨林到干燥的沙漠、从肥沃的河岸地区到不毛之地的高原，人类能在各种环境中生存，不同的环境提供的食物完全不同。美洲西北部的土著靠捕获大量鲑鱼生存，而卡拉哈里（Kalahari）的昆桑人主要靠从某种硬壳果中获取蛋白质以维持生存。

尽管狩猎－采集者的食物和生态环境有差别，但是他们的生活方式却有很多相似之处。例如，人们生活在一个大约25人组成的小群体里，这种群体以成年男性和女性及其后代为核心，他们与其他群体交往时，形成了一个由习俗和语言连接的社会政治网络。一个典型的网络中大约有500人，形成一个地方性的部落。这些部落的人们住在临时的营地，在那里寻找日常食物。

在人类学家们研究过的大多数现存的狩猎－采集者社会中，劳动分工明确，男人负责狩猎，女人负责采集植物性食物。营地是活跃的社交场合，也是分享食物的地方；当分享肉类食物时，常进行一些复杂的、受严格社会规则制约的仪式。

对于现在的西方人来说，依靠当地自然资源，以最简单的技术维持生存似乎是令人沮丧的挑战。但实际上，这是一种极为有效的生存方式，因为狩猎－采集者常常能在 3 到 4 小时内就收集到足够吃一天的食物。哈佛大学的人类学家们在 20 世纪 60 年代到 70 年代进行的一项重要研究表明，位于卡拉哈里沙漠边缘的昆桑人部落就是这样生存的。城市化的西方人很难理解狩猎－采集者与自然环境协调的方式。事实上，昆桑人知道如何开发在现代人眼中看起来似乎贫乏的资源。他们的生命力来源于在相互依存和合作的社会体系中，共同开发植物和动物资源。

狩猎是人类进化过程中的关键要素，这一观念在人类学领域里历史悠久，最早可以追溯到达尔文时期。达尔文于1871 年出版的《人类的由来》一书中提出，石制武器既能抵御肉食动物，也能杀死猎物。他提出，用人造武器狩猎是使人类最终发展为人的因素之一。他有 5 年"贝格尔号"的航海经历，这影响了他关于我们祖先的描述。对于自己遇见南美洲南部火地岛人时的情景，达尔文这样描述道：

> 我们的确起源于野蛮人。在一片荒凉且高低不平的岸边，在我第一次看到一群火地岛人时，我永远不会忘记当时的惊讶，因为一个想法立刻涌上心头：我们的祖先就是这样的！这些人赤身裸体，身上涂了颜色，长发缠在一起，兴奋时满口白沫，野蛮中带着惊奇和怀疑。他们没有任何艺术感，像野生动物一样以捕猎为生。

确信狩猎是我们进化的核心，并将祖先的生活方式与现存的技术不发达的人的生活方式结合在一起，深深地刻在人类学的思想里。罗格斯大学的生物学家蒂莫西·珀佩尔（Timothy Perper）和人类学家卡梅尔·施赖尔（Carmel

Schrire）在一篇关于上述问题的有深度的文章中简要地写道："狩猎和食肉促进了人类进化，推动人类成为今天这样的物种，这就是狩猎模式。"他们解释说，这种模式从三个方面塑造了我们的祖先，也就是影响了早期人类心理的、社会的和地区的行为。南非人类学家约翰·鲁宾逊（John Robinson）于1963年在一篇经典文章中指出了人类史前狩猎技术的重要意义。他写道：

> 我认为把肉类放进食谱似乎是极端重要的进化变化，为新的进化打开了一扇大门。在我看来，这种变化在进化上与哺乳动物，或者更恰当地说与四足类生物的起源同等重要。伴随着人类的智慧和文化的大扩张，它将新领域与新的进化机制应用于人类的进化过程，而其他动物的进化过程难以与之相提并论。

我们设想的狩猎传统也有些神话色彩，有点像亚当和夏娃的原罪。亚当和夏娃偷吃禁果后，只能离开伊甸园。珀佩尔和施赖尔评论说："在狩猎模式中，人类为了在酷热的大草原上生存而食肉，使人类这种动物变成一种特殊的动物，在随后的历史中生活在暴力、掠夺和血腥的环境里。"20
世纪 50 年代，雷蒙德·达特和罗伯特·阿德里（Robert
Ardrey）在其文章中也写过这一主题，而后者更加受欢迎。"人
类不是生来就清白无罪。"这是阿德里在 1971 年出版的《非
洲创世纪》(*African Genesis*) 一书中著名的开场白。无论是
公众还是专家们，心中都对这种理念坚信不疑。我们也将
会看到，在分析考古记录时，这种理念起到了重要作用。

1966 年，以"人，狩猎者"为主题的人类学会议在芝
加哥大学召开。这次会议研究了狩猎在人类进化中的作用，
成为人类学思想发展的里程碑。它的重要意义之一在于，指
出采集植物性食物是大多数狩猎 – 采集者社会获得能量的主
要来源。而且正如达尔文在差不多一个世纪前说的那样，这
次会议把已知的现代狩猎 – 采集者的生活方式等同于我们最
早的祖先的行为方式。会议肯定了史前记录中积累的石器和
动物骨骼是食肉的明显证据。如同我的朋友兼同事哈佛大学
的格林·艾萨克（Glynn Isaac）所认为的那样，这个证据
意味着："整个更新世不断沿着一条石头和骨头的踪迹前进，
因此把累积的石制品和动物遗骸当作古人类营地的化石遗址
是理所应当的。"换句话说，我们的祖先被认为曾像现代狩

猎－采集者一样地生活，只是形式上更为原始。

　　艾萨克于 1978 年在《科学美国人》杂志上发表了一篇重要的文章，提出食物分享假说，这使人类学研究更上一层楼。在文章中，他把重点从作为塑造人类行为动因的狩猎，转移到协作性获取和分享食物的影响上来。他于 1982 年在达尔文逝世 100 周年追思会上提出："食物分享有利于语言、社会协作和智慧的发展。"

　　艾萨克在 1978 年的这篇文章中指出，区分人类和猿类的行为类型有 5 种：（1）两足行走方式，（2）语言，（3）在某个社会环境中有规律、有秩序地分享食物，（4）住在家族营地，（5）猎取大型动物。现代人的行为就是如此。艾萨克提出，早在 200 万年前，人类社会和环境中的各种基本变化就已经开始发生。他们属于萌芽期的狩猎－采集者群体，以小型机动群体的形式生活在一起，占据临时的营地，男性出去猎取动物，女性则采集植物性食物。营地中设有社会生活的中心，人们在此处分享食物。1984 年，艾萨克在过早离世前一年曾对我说："肉虽是食物的重要组成部分，但就算分析考古遗址也没有充分证据证明，肉来源于狩猎，还是来自其他动物吃剩的尸体。”

　　艾萨克的观点深深影响着解释考古记录的方式。无论何时发现与动物化石共存的石器，它们都代表着一个古代的“家族营地”，是一群狩猎－采集者在大概数日的活动中在营地里面胡乱丢弃的垃圾。他的观点似乎合情合理。我于 1981 年在《人类的形成》(*The Making of Mankind*) 一书中写道:“食物分享假说在所有那些用于解释‘是什么力量使早期人类走上通向现代人之路’的学说中最为可信。”该假说与我看到的化石和考古记录大致相同，遵循合理的生物学原理。史密森学会的理查德·波茨 (Richard Potts) 对此表示赞同，他在 1988 年出版的《奥杜威早期人类的活动》(*Early Hominid Activities at Olduvai*) 一书中将其评论为“一种似乎有魅力的解释”。他写道:

　　　　家族营地、食物分享假说结合了人类行为和社会生活的方方面面，如互惠体系、交换、亲缘关系、生计、劳动分工和语言，这对人类学家来说很重要。根据骨骼化石和石器记录中的狩猎和采集的生活方式的基本内容，考古学家能推断出其他东西，呈现出一副该物种的完整样貌。

　　然而在 20 世纪 70 年代末到 80 年代初，艾萨克和新墨西哥大学的考古学家刘易斯·宾福德（Lewis Binford）使这种观点开始发生改变。他们发现，对史前记录盛行的诸多解释都建立在没有阐述清晰的假设的基础之上。他们于是开始区分真实的记录上已知的东西和假定得出的东西。他们从最基础的层次开始，质疑同一地点发现的石器和动物骨骼化石是否有意义。这种相同地点的空间巧合，是曾被假设的那样暗示着它是史前的屠宰场吗？如果是屠宰场的话，是否说明那里进行屠宰的人与现代的狩猎 - 采集者的生活方式相同呢？

　　艾萨克经常和我讨论各种生存假说。他曾设想过各种方案，在这些方案里，骨骼和石头也许可以出现在同一个地方，但这与狩猎和采集的生活方式无关。例如，一群早期人因树下阴凉而在下面待一段时间，为某种目的敲打石头却不屠宰动物尸体。他们制造石片也许是用来削木棍，以便用木棍从地里挖出植物块茎。这群人离开后，一只豹子可能会爬上同一棵树，豹子常常这么做，把杀死的动物拖上树；动物的尸体逐渐腐烂，骨头掉到地上，混在石器制造者在那儿留下的散石片里。150 万年后，发掘此地的考古学家如何判断他的这种设想与早已得到赞同的解释（关于一群游荡的狩猎和采集者的屠宰行为的解释）哪个更正确呢？我的直觉是：早期人类的确进行某种形式的狩猎和采集，但我能理解艾萨克对如何解读证据更为可靠的重视。

刘易斯·宾福德对传统观念的诘问比艾萨克更尖刻。他在 1981 年出版的《骨：古代人与现代神话》（*Bones: Ancient Men and Modern Myth*）一书中提出，把石器和骨骼化石的组合看作古营地遗址的考古学家们是"在虚构一个关于我们人类的过去就是这样的故事"。他没有研究过早期考古遗址，而研究了距今 13.5 万到 3.4 万年前之间生活在欧亚大陆的尼安德特人的骨头，得出了这一观点。

他在 1985 年的一篇重要综述中写道："我深信这些相对较晚的祖先的狩猎和采集生活方式与完全现代化的智人不同。如果真是这样，那么认为早期人类的生活方式几乎和'人'的一样，这种想法显然是不可靠的。"宾福德认为，任

何有组织的狩猎都只在现代人产生后开始，时间是距今 4.5
万到 3.5 万年前之间。

　　宾福德认为，早期考古遗址没有一个能被确认为古代营
地的遗迹。通过分析其他人关于奥杜威峡谷考古遗址的骨骼
化石资料，他得到结论：非人类的食肉动物就是在这些遗址
处杀死其他动物。一旦诸如狮子和鬣狗等食肉动物离开，人
类就到这里拾取它们吃剩的少许尸肉。他写道："在绝大多
数情况下，只剩下骨髓可以吃了。并没有证据证明人类把拾
取的食物从捡获地点搬回营地以供消费，同样，关于食物分
享的说法毫无依据。"宾福德的这些观点展现了 200 万年前
我们的祖先的另一种风貌。他认为"祖先们不是浪漫主义者，
而是为了得到少许食物而拣食有蹄动物的尸体残遗以充饥的
折中主义者"。

　　根据这种观点，我们的祖先与人类大相径庭，表现在生
存方式不同，语言、道德、意识等其他行为要素的缺失。宾
福德总结说："我们人类这一物种的到来，不是渐进的过程，
而是在一段相对较短的时间里突发的结果。"这是这一争论
的核心。如果早期人属的生活在各个方面都与人相似，那么

我们不得不承认：人性本质的出现是渐进的过程，把我们同远古时期联系起来。但如果似人的行为真的是最近才突然出现的，那么这意味着我们与远古和自然界的其他部分各不相干，处于一种傲然孤立的状态。

虽然艾萨克和宾福德都密切关注对史前记录研究的夸张解读，但他们从不同侧面对其进行了修正。宾福德大量钻研其他人的研究资料，艾萨克则亲力亲为，发掘考古遗址，以新的眼光看待证据。虽然狩猎和拣食尸体之间的区别不是艾萨克关于食物分享假说的重点，但它对于重新研究考古记录来说很重要。狩猎者还是拣食者，这是争论的关键。

原则上，狩猎和拣食尸体在考古记录上应该有不同的表现，狩猎者和拣食者所遗留的考古记录，应该有明显的差别。比如，一个猎人打死了一只动物，他会选择将整个尸体或其中的任何部分带回营地；相反，拣食者只能在丢弃处得到残骸，他选择带哪些回营地的范围相当有限。因此，猎人的营地应当有多种多样的骸骨，有时可能还有一副完整的骨架。

但会有许多因素把这一明显的场景弄得乱糟糟的。正如波茨讲道："如果拣食者发现了一具因自然原因而死的动物尸体，那他会拿走尸体的所有部分，由此拼凑出的骸骨将与狩猎的结果相同。而且如果一只动物刚被野兽杀死，就被拣食者赶走了，这时拼凑的骸骨也将与狩猎的结果相同，这又怎么解释呢？"芝加哥人类学家理查德·克莱因（Richard Klein）曾分析过南非和欧洲的许多拼凑出的骸骨，他认为，区分这两种谋生方式也许是不可能的，"有太多的方式可以把骨头带进遗址里，同时这些骨头能遇到太多的不同情形，这将导致究竟是猎人还是拣食者的问题永远无法解答"。

艾萨克着手检验新思路的发掘地叫作 50 号遗址，位于肯尼亚北部图尔卡纳湖以东大约 24 公里的卡拉里（Karari）悬崖。1977 年之后的 3 年里，他与考古学家和地质学家们在小溪旁的砂岸上挖开一片古代地层。他们小心翼翼地挖出了 1 405 块石制品和 2 100 块骨片，这些石制品和骨片有大有小，小的居多。这些东西大约是在 150 多万年前，被季节性河水在雨季的一次提前泛滥所掩埋。如今这里干涸了，千万年来被侵蚀得沟壑纵横的荒地上点缀着灌木丛和矮树。艾萨克和他的小组给自己设定的目标是，希望发现 150 万年前发生了什么，石制品和动物骸骨为什么会出现在同一个地方。

宾福德曾在以前的评论中提出，水流的作用会使许多骨头出现在同一个地方。也就是说，一条流速较快的河流可以卷走一块块石块和骨头，将其堆积到流速慢的地方，例如在河流变宽处或河湾的凹陷处，所以它们聚集在一起或许纯属偶然，并非是人类活动导致的。"考古遗址"的出现只不过是水力的作用在捣鬼。但这一解释不适用于 50 号遗址，因为这片古代地层在河岸上，而不是在水中，而且地理证据表明这里的堆积是缓慢叠加的。无论如何，骨头和石头的直接联系需要得到证明，而不能只是假设。而这种实物证据出人意外地出现了，并成为近期考古学上的里程碑式的发现之一。

当屠宰者肢解某只动物或者用刀剔去骨头上的肉时，无论用的是金属刀还是石刀，他们都难免会偶然把刀切进骨头，留下长长的沟痕和割痕。肢解的割痕集中在关节周围，剔肉也会在别处留下割痕。当威斯康星大学的考古学家亨利·邦恩（Henry Bunn）检查 50 号遗址的一些残骸时，他注意到了这样的沟痕，在显微镜下观察到这些沟痕的横断面呈 V

形。这是 150 万年前搜寻食物的人弄出的割痕吗？用现代的骨头和石片做的实验证实了这是割痕，确切地证实了该遗址的骨头和石片之间存在着因果关系，即人类把它们带去加工以作为食物。这一发现首次直接证实了早期考古遗址中骨头与石头之间在行为方面的联系，是一个解开古代遗址未解之谜的确凿证据。

科学界的重大发现总是在同一时间接踵而至。有关割痕的研究也是这样。波茨和约翰斯·霍普金斯大学的考古学家帕特·希普曼（Pat Shipman）在研究图尔卡纳湖周边和奥杜威峡谷的考古遗址里出土的骸骨时，也发现了切割痕迹。他们采用与邦恩不同的研究方法，但却获得了相同的结论：近 200 万年前，人类就会使用石片肢解尸体和剔肉（见图 4-1）。

回顾过去的研究，令人惊奇的是，许多人曾多次研究过波茨和希普曼检测过的骨化石，却没有发现切割痕迹。如果这个盛行的考古学理论是正确的，那么那些思维灵敏的人一定能立刻想到：骸骨化石上必然有屠宰的痕迹。但正是因为大家已经预设好了答案，所以没有人仔细研究它。此时，一旦有人对未被证实的假设心存疑虑，就是他们去寻找、去发现证据的大好时机了。

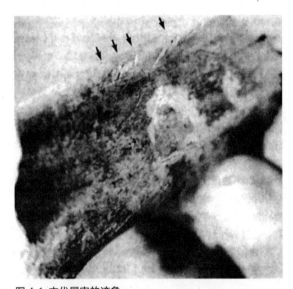

图 4-1 古代屠宰的迹象
在肯尼亚北部 150 万年前的考古遗址中发现的动物骨化石表面的微小的切割痕迹（箭头所示），这显示了早期人类用尖锐的石器从动物尸体上剔肉。

50 号遗址出现了更多的证据，证明人类把石器用于骨头是日常生活的一部分。在该遗址里，一些较长的骨头被砸成碎片，这是有人把长骨头放在一块类似于砧座的石头上，多次击打以获得里面的骨髓。这一情景可以从旧石器时代的碎骨片重建而来，先把碎片组成完整的骸骨，然后逐块分析每一块被击打留下的独特印记。艾萨克及其同事在一篇描述其发现的文章中写道："发现那些被石锤砸碎的骨片可以拼合在一起，就能设想早期原始人取出并吃下骨髓的动作。"而对于切割的痕迹，他们写道："如果发现骨头关节端有切割痕迹，显然很像是用一块边缘尖锐的石头肢解羚羊腿时形成的切割痕迹，让人禁不住立即联想到屠宰时的特有场景。"

除了 150 万年前人类活动的这些场景之外，石头本身也能传达信息。当一个击打者从一块大卵石上打下石片时，这些小片会落在他或者她周围的小片区域里。威斯康星大学的考古学家埃伦·克罗尔（Ellen Kroll）在 50 号遗址就有这样的发现，打碎的石头集中在遗址的一端，一部分长颈鹿、一部分河马、一只非洲大羚羊、一匹类似斑马的动物和鲶鱼脊椎的骨片也集中在同一处。艾萨克及其同事们写道："我们只能靠推测判断人们在做事时喜欢待在遗址北部的原因，但是观察到的情况显示那儿可能有树荫。"关于石片还有一个更引人注意的方面是，与被砸成碎片的较长的骨头一样，那些碎石片也可以被复原为一块火山岩卵石。

　　在第 2 章中我曾提及，尼古拉斯·托特和劳伦斯·基利曾在显微镜下分析过一些石片，并发现石片上有由于割肉、砍树或切割草类等较软植物而引起的擦痕。这些石片出土于 50 号遗址，对其分析的结果给 150 万年前的各种活动增添了新场景。50 号遗址的活动与水力作用毫无关系，而是人类把部分动物尸体带到这里，并用在这里造出的石器进行加工。将骨头与石头有意识地运到食品加工中心的实证，在 70 年代晚期的理论混乱状态之后，对整合考古理论来说是重要的一步。但这个证据是否能确认 50 号遗址的人类骸骨，也就是直立人到底是猎人还是拣食尸体者呢？

　　艾萨克及其同事们是这样表述的："通过研究拼凑的骸骨的特征，我们发现，要严肃考虑获取肉食的主要方式是拣食猛兽吃剩的尸体，而不是主动狩猎。"在以前，只要在遗址内发现了完整的尸体，就能下结论说他们是靠狩猎获得肉食的。但正如我在前文提到的那样，对于拼凑骸骨的解释是有潜在问题的。然而，却有其他证据表明拣食尸体残骸是早期人属获得肉食的方式。例如，希普曼通过检查骨头上的切割痕迹的分布情况，有了两个发现：第一，只有一半的切痕是肢解尸体留下的；第二，许多切痕分布在少肉的骨头上。此外，很多切痕是食肉动物留下的牙印，这意味着在人类接触到这些骨头之前，食肉动物已经咬过了。希普曼由此推论说这是"强有力的拣食尸体的证据"。她注意到我们祖先的形象是"不熟悉的和不愉快的"。他们的形象绝不是传统理论中的杰出猎人的形象。

　　我相信早期人属寻找肉食时，会拣食尸体残骸。如同希普曼观察到的那样："食肉动物能捡拾残尸时就会拣食残尸，无残尸可捡时才狩猎。"但是我怀疑，近期的考古学研究是否发展得太快了。近来对"早期人属进行狩猎"这一观点进行的反驳是否太"热烈"了。希普曼分析切痕的分布后发现，肉少的骨头上切痕更多。我认为她的分析非常重要。这是什么呢？答案是为了切下肌腱和皮。用这些东西可以很容易地做出有效的陷阱以抓住更大的动物。所以如果早期直立人不以这样的方式狩猎，那么我会惊讶不已。随着人属的进化而出现的类似现代人的体格，与狩猎的适应性相匹配。

有关 50 号遗址的研究对艾萨克十分有利。这些研究证实：原始人把骨头和石头运到中央地区，但他们没有把此处当作家族营地。艾萨克在 1983 年写道："我发现自己在以前的文章中提出的关于早期人类的假说，似乎把他们描述得过于接近现代人。"因此他把食物分享假说改为"集中地域搜寻食物"的假说。我怀疑他这么做过于保守。

我无法肯定，对 50 号遗址的研究可以证实这样的假说：直立人过着狩猎 - 采集者生活，他们每隔几天会变迁临时住处，把食物带到那里分享。我们无从知晓，50 号遗址在多大程度上呈现出艾萨克原先的食物分享假说的社会经济背景。但按我的判断，能证明早期人属在社会、认知和技术能力上完全超过黑猩猩的证据很充足。我认为这些生物不是小规模的狩猎 - 采集者群体，但似人等级的原始狩猎 - 采集者生活在那时已经开始建立。

150 万年前的一天

尽管我们无法确定直立人最早的日常生活面貌，但我们可以凭借 50 号遗址的大量考古证据和自己的想象力重现

150 万年前的情景，如下：

在一个大湖的东面，有一条季节性的河流缓缓流过由河水淤积而成的一片开阔的平原。高大的金合欢树整齐地排列在迂回的河岸边，投下足以抵抗热带骄阳的片片荫凉。在一年的大部分时间里，河床是干涸的，但近期北部山区的雨流向湖中，使河水缓慢上涨。几周之后，淤积平原变得色彩斑斓，开花植物散布在橙色的土地上，仿佛一汪汪或黄或紫的池塘，低矮的金合欢树则像翻滚的云朵，雨季的步伐近了。

在河湾处，我们看见一小群人，是 5 个成年女性与几个青少年和婴儿。他们体格健壮，行动敏捷，正在高谈阔论，有的妙语连珠，只为闲聊，有的正在讨论当天的计划。日出前，人群里的 4 个成年男性早早地出发去寻找肉类了。女性的任务则是采集植物性食物（这才是他们的主要食物）。男人狩猎、女人采集的体系在他们之间运行得很好，其历史已经久远到无人能记得清了。

　3个女性正准备出发，除了肩上围着一张兽皮外，全身赤裸。肩膀具有双重作用：背婴儿和食物袋。之前，一个女性用锋利的石片把粗树枝削成又短又尖的木棒，她们就用这根木棒从地里挖出深埋的、多数大型灵长类动物不愿食用的薯类块茎。像平时一样，她们最后排成一排，顺着小路走向远处的丘陵。她们知道这条路通向薯类丰富的地区，而对于成熟的果类，她们会等到当年的晚些时间才去采摘，那时的雨水已经完成了自然赋予的任务。

　沿着小溪流往回走时，留下来的2个女性静静地躺在一棵高大的金合欢树下的软沙上，看着3个小孩嬉戏。这些孩子已不是包进兽皮的襁褓期婴儿了，但还没有到打猎和采集的年龄。他们玩着角色扮演的游戏，从中能看出其成年后的生活。上午，1个小孩扮演羚羊，用树枝当羊角，另2个小孩扮演偷偷接近猎物的猎人。后来，3 个孩子中最大的一个女孩让一名妇女教自己制造石器。这位女性耐心地取来两块熔岩卵石，用力一击，打下了一块完整的石片。女孩试图模仿，但没有成功。所以女人手把手、放慢速度引导她做出正确的动作。

制造锋利的石片远比看上去难，制造技巧需要用实物示范，而不是口头传授。女孩又试了一次，这次稍有改进。她从卵石上打下一块石片，于是兴高采烈地大声叫喊。她捡起石片，拿给面带微笑的女人看，又跑去给她的伙伴们展示。孩子们继续玩游戏，现在他们有了一件能在成年时使用的工具了。他们又发现了一根尖头木棒，是初学碎石技术的新手削制的，然后他们组成了一个打猎小团队，拿着尖头木棒去找鲶鱼。

黄昏时，溪边营地又热闹了起来。3 个女性回来了，兽皮袋里装着婴儿和食物，有一些鸟蛋、3 条小蜥蜴和出人意料的美食——蜂蜜。

女人们为自己的收获而心满意足，也想知道男人们会带回来什么。许多天以来，猎人们一直空手而归（但寻找肉类食物本来就是如此）。但当机会降临时，他们会得到丰硕的回报，理应珍惜。

不久，远处传来的越来越近的声音告诉女人们，男人们正在回来的路上。从他们言谈中流露出的兴奋语气可以断定，应该是满载而归了。当天的大部分时间，男人们一直蹑手蹑脚地尾随一小群羚羊，注意到其中有一只跛了脚。这只羚羊好几次被甩在羊群后面，尽最大努力艰难地追赶着羊群。男人们意识到这是捕获一只大型动物的机会。他们手持简陋的武器，有天然形成的，也有人工制造的。作为一个团队，他们还需要依靠计谋，悄悄地移动、掩蔽在周围的环境里、熟知进攻的最佳时机，都是狩猎者最有效的武器。

机会终于来临，3个男人默契地移动到最佳

位置。其中一人用力扔出一块石头，准确击中
目标，另两人跑向已被击中而不能移动的猎物。
一根尖头短木棒迅速刺中这只动物，其颈部喷
出一股血，它挣扎了一会，很快就死了。

三人筋疲力尽，浑身又是汗又是血，却欣
喜若狂。附近的熔岩卵石堆是制造工具的原材
料，宰割这只野兽必须使用工具。用一块卵石
猛击另一块，就能制造出足够锋利的石片来割
开坚韧的兽皮，露出关节和白骨上的红肉。他
们迅速而熟练地剥出肉和肌腱，带着两大块肉
返回营地，彼此逗笑着述说这一天的经历和各
自的贡献。他们知道自己会受到热烈欢迎。

晚上吃肉的过程几乎成为一种仪式。首领
割下一片片兽肉，分给坐在自己周围的女人们
和其他的男人们。女人们把一部分肉给她们的
子女，他们拿小块肉去换着玩，男人们也与同
伴交换肉片吃。吃肉不仅是为了得到营养，也
是一种让人们结合起来的社会活动。

打猎胜利归来的欢喜褪去了，男人和女人们悠闲地交流着彼此分开这些日子里的故事。远处山里的雨越下越大，溪流变宽，水会很快涨过河岸，他们意识到不久要离开这个舒适的营地了。现在，他们心满意足。

三天后，这个群体离开营地而去寻找高一点的安全地带，留下了遍布人类短暂居留的痕迹。一堆堆打出过石片的熔岩砾石、削过的木棒、加工过的兽皮，都显示着他们高超的技术。动物碎骨、一个鲶鱼头、蛋壳和薯类残渣，表明他们食物的范围很大。然而，能体现营地生活的社会行为一去不复返了。充满仪式感的吃肉行为和日常生活故事也一去不复返了。很快，当溪水缓缓漫出两岸，空寂的营地被逐渐淹没。细沙掩盖了这群人在 5 天的生活中留下的垃圾，也结束了一个短短的故事。最后除了骨头和石头之外，其他东西都腐烂了，只留下最贫乏的证据作为重塑他们的故事的依据。

　　许多人认为我重塑的故事把直立人过分现代人化了，我却不以为然。我描述了一幅狩猎－采集者生活方式的场景，还赋予他们语言。虽然与现代人相比，这些只是较原始的状态。无论如何，考古学证据清楚地证明了这些生物的生活超出其他大型灵长类动物，他们利用技术以获得肉类和地下块茎等食物。在人类史前阶段，我们的祖先正以一种让我们一下子就能辨别的方式进化为现代人。

The Origin of Humankind 05

现代人的起源

我们发现的 3.4 万年以内的人类化石都出自完全的现代人。也正是从那个时候，人类精神世界的信号灯开始出现在考古遗迹里。然而，现代人究竟是如何出现的，学术界提出了两种针锋相对的假说。

两种相反的假说

我在前言中概括了人类进化过程中的四个大事件——700万年前人科本身的起源；之后两足行走的猿类的"适应性辐射"；约250万年前开始脑量增大，人属开始起源；现代人的起源。

就是第四个大事件，即如同我们一样的人类的起源，成为当今人类学界争论最激烈的问题。各种不同的假说针锋相对，大量的书籍和科学论文或出版或发表，里面提及的观点截然相反。"如同我们一样的人类"，我指的是现代智人，也就是拥有鉴别和创新技术能力、有艺术表达能力、有内省意识和道德观念的人。

回顾几千年前的历史，可以看到人类文明的出现：在那时，社会结构越来越复杂，村落被酋长领地所代替、酋长领地被城邦所代替、城邦被国家所代替。这种看起来不可避免的复杂变化是由文化的进化引起的，而不是因为生物学方面的改变。正如一个世纪以前的人类与我们有相同的生理结构，但那时的世界没有电子技术，7 000年前的村民虽与我们一样，但他们缺少文明的基本条件。

如果回眸6 000年前的文字出现之前的那段历史，我们仍可看到现代人的思维在发挥作用的实证。从大约1万年前开始，在世界各地游牧的狩猎－采集者独立发明各种农业技术，这也是文化或技术发展的结果，与生物进化无关。再回溯社会和经济转变期之前的冰河时代，你会发现欧洲和非洲的绘画和雕刻已经彰显了像我们一样的人类精神世界。然而如果继续往前追溯到大约3.5万年前，现代人类心智的信号灯就渐弱渐熄了。那时的考古记录中没有让人信服的关于人类思维能力的确凿证据。

长期以来，人类学家们认为在约 3.5 万年前突然出现的艺术表现力和精致的手工技术清晰地预示了现代人的进化。英国人类学家肯尼思·奥克利在 1951 年最先提出，现代人类行为的繁盛与完全现代化的语言的首次出现密切相关。的确，很难想象人类这一物种可以完全掌握现代的语言，而在其他方面却不能与之匹配。据此，正如我们如今所知，语言的进化被广泛认为是人性出现的终极标志。

现代人何时起源？过程是怎样的？是很久以前逐渐发生的，还是近期突然发生的？这些都是目前争论的焦点。

具有讽刺意味的是，在完整的人类进化史中，近几十万年里的化石证据最丰富。除了大量的完整头骨和头后骨骼标本外，还出土了约 20 具相对完好的骸骨。由于人类史前较早时期的化石证据不足，所以对于我这种专注研究这段时期的人来说，这些都是非常丰富的化石资料。但我的人类学同行们对于进化事件的先后顺序仍存在分歧。

　　最先被发现的早期化石人类尼安德特人（人们最喜爱的滑稽可笑的洞穴人）在争论中起着重要的作用。从 1856 年第一批尼安德特人骸骨被发现以来，人们便无止无休地争论他们的命运：他们是我们的直系祖先，还是在距今 3 万年前就不再进化而灭绝了呢？这个问题的提出大约已经有一个半世纪了，但现在依然是未解之谜，至少是没有让所有人都赞同的答案。

　　在研究现代人起源之争的细节前，我们应该先解决更重要的问题。故事从约 200 万年前的人属进化开始，到智人的最终出现而结束。这段时期存在着两大证据：一是解剖学的变化，二是技术的变化和其他表现大脑和双手能力的变化。如果证据确凿，二者所阐释的人类进化史的故事应该相同。它们代表了几十年来人类学研究取得的成就。这一成就近些年又结合了第三个证据，即分子遗传学。原则上，遗传证据里隐藏着进化史的各重要事件，这些故事本应与我们从解剖学和石器上所了解的相符合。

　　遗憾的是，三个证据之间的关系并不融洽。虽然互相联系，但并不一致。尽管证据丰富，人类学家要重塑进化史依然面临着重重困难。

　　发现图尔卡纳男孩的骸骨帮助我们更好地了解了160
多万年前早期人类的解剖结构。可以看到，早期直立人身
材高大（图尔卡纳男孩身高近 1.8 米），体格健壮，肌肉有
力，即便今天最强壮的职业摔跤手也不是普通直立人的对
手。虽然早期直立人的脑部比其祖先南方古猿的大，大约有
900 毫升，但仍没有现代人的脑量大，我们的脑量已达到了
1 350 毫升。直立人的头骨又长又低，前额小，颅骨厚，颌
骨和眼睛上方的眉脊突出。这种基本结构特征延续到大约
50 万年前，在此期间直立人的脑量增大到了 1 100 多毫升。
此时，直立人群体由非洲向外扩散，逐渐占据了亚洲和欧洲
的广大地区。虽然欧洲没有发现被证实过的直立人化石，但
与直立人共存的技术遗迹可以成为他们存在的证明。

　　我们发现的 3.4 万年以内的人类化石都出自完全的现代
智人。他们的身体不太粗壮，肌肉不太发达，面部较扁，头
盖骨较高，颅骨壁较薄，眉脊不突出，大多数标本的脑部较
大。因此可以看出，现代人的进化活动发生在距今 50 万到
3.4 万年前之间。根据这段时间内在非洲和欧亚大陆发现的

化石和考古记录，我们可以确定，进化活动的确在以活跃但混乱的方式进行。

　　尼安德特人生活在距今 13.5 万到 3.4 万年前之间，分布在从西欧经近东地区直到亚洲的广大区域。他们的化石为这个让人感兴趣的时期提供了丰富的记录。在距今 50 万到 3.4 万年前之间，整个旧大陆的许多不同人群都在发生种种进化。除尼安德特人的化石之外，还有其他的化石出土，这些化石通常是头骨或部分头骨，也有部分体骨。他们都有一个听起来非常浪漫的名字，如希腊的佩特拉罗纳人（Petralona Man）、法国西南部的阿拉戈人（Arago Man）、德国的斯坦海姆人（Steinhein Man）、赞比亚的布罗肯山人（Broken Hill Man）等。尽管这些化石标本有很多差异，但他们有两点相同：一是都比直立人更高级，例如脑部更大；二是都比智人原始，头骨较厚且结构粗壮（见图 5-1）。这个时期化石标本的解剖结构各式各样，人类学家们将其贴上统一的标签："远古智人"。

　　面对这些解剖类型集锦，我们需要重建现代人的解剖和行为的演化模式。近年来，出现了两个相反的假说。

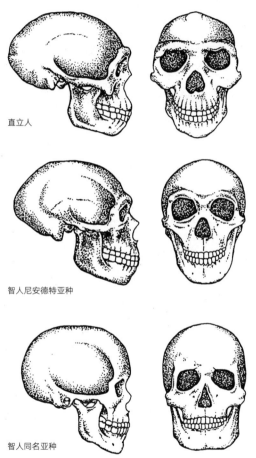

直立人

智人尼安德特亚种

智人同名亚种

图 5-1 尼安德特人

尼安德特人与智人具有一些相同性状，如脑部较大；与直立人也具有共同的特点，如头骨长而低、眉骨突出；但尼安德特人拥有独特的特征，最明显的是面部中间部分极为突出。

第一种假说，即"多地区进化"假说，指出现代人的起源发生在整个旧大陆，他们出现在任何有直立人的地方。根据这一观点，尼安德特人是三个大洲范围内进化的缩影，有着介于直立人和现代智人之间的解剖结构，是如今欧洲、中东、西亚人群的直系祖先。密歇根大学的人类学家米尔福德·沃尔波夫（Milford Wolpoff）指出，向智人进化成为普遍趋势是因为受到了祖先的新文化背景的驱动。

文化是自然界中新出现的事物，可以增加自然选择的有效性和一致性。加利福尼亚大学圣克鲁兹分校的生物学家克里斯托弗·威尔斯（Christopher Wills）甚至认为，文化可能会加速进化的步伐。他在 1993 年的《失控的大脑》（ The Runaway Brain ）一书中强调："这种加速大脑生长的力量好像是一种新型刺激物，包括语言、符号、共同的记忆等所有的文化元素。我们的文化在复杂的状态下进化，大脑也一样，之后大脑又带动文化朝更复杂的方向发展。脑子越大人就越聪明，文化就越复杂，复杂的文化又反过来导致人类进化出更大、更聪明的大脑。"如果这种相互的、积极的反馈真实存在，那么这会在更大人口范围内加速基因的变化。

　　我有点儿同意物种进化发生在多个地区的观点，并曾做出如下类比：如果你手握一把石子，将其扔进水池，每一块石子都会产生一圈圈涟漪，涟漪扩散后就会跟其他的涟漪交汇在一起。水池代表早期智人居住的旧大陆，石子与水面的接触点就是智人的过渡期，涟漪代表智人的迁徙。这种类比曾被几位学者引用，但我后来认为它也许是错的。我这么谨慎的一个原因是以色列的一些洞穴中出土了很多重要的化石标本。

　　对这些遗址的挖掘断断续续地进行了 60 多年，在有些洞穴中挖出了尼安德特人化石，有些挖出了现代人化石。后来的发现似乎明显有利于人类发源于多个地区的假说。出自基巴拉（Kebarra）、塔邦（Tabun）和阿马德（Amud）的所有尼安德特人标本，年代相对更古老，大约在 6 万年前；而出自斯虎尔（Skhul）和卡夫扎（Qafzeh）的所有现代人标本，年代更晚些，大约在 5 万到 4 万年前。据此，这一地区的尼安德特人进化为现代人看起来合情合理，化石的出土顺序强有力地支持"多地区进化"假说。

　　20 世纪 80 年代后期，这种完美顺序被推翻。英国和法国的研究者将电子自旋共振和热释光效应等新型年代测定方法运用于这些化石的研究中。这两种技术利用了岩石中某些放射性同位素的衰变效应。在衰变过程中，岩石里的矿物起到了原子钟的作用。研究者们发现，斯虎尔和卡夫扎的现代人化石与尼安德特人化石相比，时间要早 4 万多年。如果这些结果正确，那么尼安德特人就不可能是现代人的祖先，因为这不符合在多个地区进化的要求。那么，还有其他的选择吗？

第二种假说认为，现代人发源于同一地区（见图 5-2），其进化过程并非遍及旧大陆。一群群来自同一地区的现代智人迁徙并扩散到旧大陆的其他地区，代替了已在那里生存的前现代人。这一假说又称"诺亚方舟"假说和"伊甸园"假说。后来又被称作"走出非洲"假说，因为撒哈拉以南的非洲被认为是最有可能出现第一批现代人的地方。几位人类学家已研究过这一假说，其中英国自然历史博物馆的克里斯托弗·斯特林厄（Christopher Stringer）坚决支持该假说。

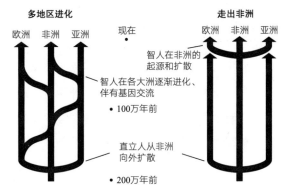

图 5-2 现代人起源的两种观点

左侧是"多地区进化"假说，直立人群体在近 200 万年前从非洲向外扩张，定居在整个旧大陆上。群体间的基因流动使整个旧大陆的人群保持着遗传的连续性，从而在有直立人群体的地方，自然地产生了现代智人的进化趋势。右侧是"走出非洲"假说，现代智人近期产生于非洲，又快速"扩张"到旧大陆的其他地区，取代了已在那里生存的直立人和远古智人。

这两种假说差别很大。"多地区进化"假说指的是，向现代智人的进化遍及旧大陆，只有少数人口迁徙，没有人群被替代；而"走出非洲"假说认为智人之前的物种被替代。按第一种假说，现代地理区的各人群（又被称为"人种"）已分开了 200 万年之久；按第二种假说，他们都是在较晚时期才衍生于非洲的单一人种。

这两种假说对化石记录的预测也不一样。第一种"多地区进化"假说认为，现代各地区人群的解剖特征，从同一地区的化石中也可见到。这种共同特征可以一直追溯到 200 万年前，直立人首先分布到非洲以外地区的时候。在"走出非洲"假说中，未提及这种地区连续性，而是认为现代人群将更有可能具备某些非洲的特征。

沃尔波夫鼎力支持"多地区进化"假说。他于 1990 年在美国科学促进会的会议上提出："在解剖学方面的连续性特点显而易见。"例如，面部形状、颧骨构造、铲形门齿等某些特点，出现在亚洲北部出土的 75 万年前的化石、25 万年前著名的北京猿人化石和现代中国人身上。斯特林厄承认这一点，但他指出，由于这些性状不只出现在亚洲北部，因此不能成为地区连续性的证据。

沃尔波夫与同事们也在东南亚和澳大利亚做了相似的论证。但斯特林厄认为，体现连续性特点的化石只出现在三个时间点：180 万年前、10 万年前和 3 万年前。如此稀缺的参考时间点，极大地削弱了论据。

　　这些例子说明了人类学家们面对的问题。不仅是人类学家对重要解剖性状的意义有不同的认识，而且，除了尼安德特人之外，其他化石的记录比大多数人类学家期望的要少得多，同样也比大多数非人类学家相信的要少。在克服这些障碍之前，比这更重要的问题很难取得一致的看法。

化石、行为和遗传学证据

　　我可以从另一个角度评估化石的解剖性状。尼安德特人四肢短小、身体又矮又壮，这样的身材适应寒冷的气候，而他们大部分时间正是生活在寒冷的地区。然而，同一地区第一批现代人的解剖结构却极为不同，他们身材纤瘦、四肢细长，轻巧的身体适应热带和温带气候，而不适应冰期时代欧洲的严寒。如果第一批现代欧洲人是非洲人移民的后裔而非欧洲本地人的后裔，这个问题便迎刃而解了，"走出非洲"假说也得到了支持。

　　通过直接观察化石记录，可以找到支持这种假说的证据。如果"多地区进化"假说是正确的，那么我们会发现早期现代人的化石几乎同时出现在整个旧大陆，但实际并非如此。

已知最早的现代人化石可能出自非洲南部，这些化石都是颌骨碎片，其年代也未被确定，所以我说的是"可能"。例如，出自边界洞（Border Cave）和克莱西斯河口洞（Klasies River Mouth Cave）的化石，都来自非洲南部，有 10 万年多一点的历史，"走出非洲"假说以此为据。卡夫扎和斯虎尔洞穴出土的现代人化石也有近 10 万年的历史，所以现代人可能最先起源于非洲北部和中东地区，后迁徙到别处。多数人类学家全面衡量种种证据，更倾向于现代人起源于撒哈拉以南的非洲地区这一假说（见图 5-3）。

在亚洲或欧洲的其他地方，都没发现过这一时期的现代人化石。如果这反映了当时真实的进化情况，而不仅仅是因为化石记载不完整这样的老生常谈的问题，那么"走出非洲"假说看起来合情合理。

大多数群体遗传学家支持这一假说，认为它在生物学上最合理。这些科学家研究的是物种间的基因结构以及它如何随时间而改变。如果一个物种的各群体间相互保持地理上的联系，那么借助杂交可以使基因突变扩散到整个地区，改变这个物种的基因结构，但整个物种仍保持遗传上的一致性。

如果一个物种的各群体由于河道的变化和沙漠的扩张而产生地理隔离，那么每个群体的遗传变化彼此间都不相同，最终将变成不同亚种或完全不同的物种。群体遗传学家用数学模型计算出不同规模的群体发生遗传变化的频率，从而推测古代发生的情况。

图 5-3 化石分布图

图中显示了有关现代人起源的化石的出土地点和年代。阴影区是尼安德特人的分布区域。最早的现代人标本出土于撒哈拉以南的非洲地区和中东。

很多群体遗传学家，如斯坦福大学的卢吉·卢卡·卡瓦利－斯福扎（Luigi Luca Cavalli-Sforza）和伦敦大学学院的沙欣·鲁哈尼（Shahin Rouhani）等曾对此争论做出综述。他们认为"多地区进化"假说的合理性让人怀疑，因为"多地区进化"假说需要有大群体间广泛的基因交流，当他们进化为现代人时，要有基因的联系。如果1994年初宣布的爪哇猿人化石的最新日期是正确的，那么直立人在200万年前就分布到非洲以外的地区了。因此，按照"多地区进化"假说，基因交流必须长时间发生在大范围的地理区域里。大多数群体遗传学家认为这并不现实。当智人之前的物种散布在欧、亚、非各洲时，更有可能发生的是产生各地区的变种，如我们确实见到的远古智人的变种一样，而不会形成密切的整体。

我把化石的研究暂且搁置，转向研究行为，也就是有形产物、工具和艺术品。需要牢记的是，原始人群的极大部分技术行为从考古学角度是看不到的。例如，一个萨满祭司带领下的宗教仪式里包括讲述神话、诵唱、舞蹈和装饰身体等，但这些内容不会进入考古记录。因此，我们必须不断地提醒自己，每当找到石器工具和雕刻或绘画物品时，它们给我们提供的仅仅是通向古代世界的最狭窄的窗口。

　　我打算从考古记录入手，发现现代人思维活动的标志，希望这种标志能阐明以上两种对立的假说。如果在旧大陆所有地区的现代人都大体上同时出现了思维活动，我们就可以认定"多地区进化"假说最能解释现代人的进化；相反，如果思维活动的标志首先出现在一个受隔离的地区，之后逐渐扩散到世界其他地区，则证明"走出非洲"假说正确。

　　我在第 2 章已经说过，人属出现于约 250 万年前，与考古记录的初始时间相仿。我们看到，140 万年前直立人进化以后，从奥杜威工业发展到阿舍利工业，石器的组合形式变得更加复杂。所以生物学和行为方式之间的联系是很紧密的：早期人属制造了简易工具，而直立人的进化增加了工具的复杂性。这种联系在 50 万年前之后的某个时期，随着远古智人的出现而再次出现。

　　经过 100 多万年的技术发展瓶颈期后，直立人简单的手斧工业发展成复杂的大石片制作技术。阿舍利工业时期只有 12 种广泛使用的工具，而现在新技术制成的工具多达 60 种。像尼安德特人这样的远古智人的解剖结构一旦发生了新变化，一定会伴随着出现新的技术水平。但新技术

一旦确立，就几乎不再改变。新时期的特征是停滞，不是
革新。

　　然而，当变化真的发生的时候，其效果是翻天覆地的，
人们应当意识到自己的理解可能远远落后于现实。在大约
3.5 万年前的欧洲，人们开始用仔细击落的石刀制作形状精
巧的工具，骨头和鹿角也第一次被用作工具的原材料。工具
有 100 多个种类，包括制作粗布衣的工具和用于雕刻的工具。
同时，工具也开始变成艺术品，比如，在鹿角矛上雕刻活灵
活现的动物用于装饰。化石记录中出现的珠子和垂饰，宣告
了身体饰品的诞生。最引人瞩目的是洞穴深处的壁画，其中
表现出了与我们相同的精神世界。与早些由停滞占主导的时
代不同，创新是现在文化的本质，我们以千年而非十万年来
衡量这种变化。这些考古事件被称作旧石器时代晚期革命，
清楚地证实了现代人思维开始起作用。

　　我之前说过，我们对旧石器时代晚期革命的考古标志的
研究落后于现实情况。现在我来说明原因。由于历史因素，
西欧的考古记录比非洲的丰富，如果非洲在这个时期有一处
考古遗址，那么在欧洲就有 200 多处同一时期的考古遗址。

这反映出两地科学考察强度的差距，并不代表史前记录的数量差异。长期以来，旧石器时代晚期革命被认为是现代人发源于西欧的象征，因为西欧的考古标志和化石记录完全吻合，二者都显示在大约 3.5 万年前发生了一件大事：现代人于 3.5 万年前在西欧出现，他们的现代行为被假定是考古记录的一部分。

后来，这个观点被推翻了。现在，西欧被视作一处停滞不前的地方，一股变化后来出现了，自东向西横扫了整个欧洲。从 5 万多年前开始，东欧的尼安德特人渐渐消失，被现代人所取代，最后，在 3.3 万年前，欧洲最西部的尼安德特人也被完全取代。现代人及其行为于同一时间在西欧出现，这种巧合代表了现代智人这一新人群的涌入。因此，欧洲旧石器时代晚期革命并不是进化的标志，而只反映了人口的流动和变迁。

如果现代人从 5 万年前开始迁徙到西欧，那他们来自哪里呢？化石证据表明，他们可能来自非洲或中东。零碎的考古记录都支持现代人的行为起源于非洲这一说法。10 万年前非洲出现了从石刀基础上发展起来的技术，已知的现代人的解剖结构也是第一次在同一时间被发现，这可以作为生物学与行为互相联系的又一个例子。

　　然而，这种联系也许是一个假象，也可能是偶然事件。我这么说是因为中东出土了大量化石与考古记录，却产生自相矛盾的情况。应用新的测年技术显示，尼安德特人和现代人同时存在于这个地区长达6万年之久（1989年，人们测定塔邦的尼安德特人生活在至少10万年前，与卡夫扎和斯虎尔的现代人为同一时代）。在那一时期，我们发现的所有技术都是伴随着尼安德特人而产生的，这种技术因首次发现于法国的莫斯特（Le Moustier）考古遗址，被命名为莫斯特技术。在那时的中东，解剖意义上的现代人群使用的是莫斯特技术，而不是具有旧石器时代晚期特征的创新工具组合，这意味着他们的身体结构进化为现代人，而行为却与现代人不一样。也就是说，解剖结构和行为并非同步发展。当然，能证明存在早期现代人行为的考古证据不足，这可能是发现的考古记录过少导致的。尽管打造石片的技术首先发源于非洲，但我们无法肯定非洲大陆是现代人行为开始的地方，更无法肯定现代人行为从非洲向欧亚大陆扩展。

　　有关现代人起源的第三个证据是分子遗传学，它最为明确，却最具争议。20 世纪 80 年代出现了一种新的现代人起源假说，即线粒体夏娃假说，其观点基本支持"走出非洲"假说。大多数"走出非洲"假说的支持者认为，当现代人从非洲扩散到旧大陆其他地区时，可能与智人出现之前的人种杂交。这意味着古代群体进化为现代人时保持了连续的遗传基因。线粒体夏娃假说否定这一观点，它认为当现代人迁出非洲、数量增加时，就完全取代了当地已有的现代人之前的原始人群，迁出者与当地人群的杂交不太可能发生。

　　埃默里大学的道格拉斯·华莱士（Douglas Wallace）和加利福尼亚大学伯克利分校的阿伦·威尔逊两个实验组共同提出了线粒体夏娃假说。他们的研究对象是细胞里线粒体中的遗传物质脱氧核糖核酸，即 DNA。当母系的卵子和父系的精子融合产生新胚胎时，胚胎细胞中的线粒体只来自卵子，因此线粒体的 DNA 只由母系遗传。

　　由于某些技术原因，线粒体 DNA 特别适合于向上回溯进化的过程。由于 DNA 通过母系遗传，所以回溯会最终导向一位女性祖先。经过分析，结果显示现代人起源于 15 万年前的一位非洲女性。然而必须牢记的是，这个女性只是人口多达上万的人群中的独立个体之一，而不是一个跟她的亚当在一起的唯一的夏娃。

　　分析指出，现代人起源于非洲，且早期人口不存在与当地已有的现代人之前的原始人杂交的行为。从对当今活着的人类的线粒体 DNA 的分析发现，它们彼此高度相似，共同拥有一个关系较近的起源。如果现代人和远古智人曾有过基因结合，有些人的线粒体 DNA 就会显示与远古人类的相同。迄今为止共有来自世界各地的 4 000 多人接受过测试，并未发现远古人的线粒体 DNA。经过测试的现代人线粒体的 DNA 都起源于近世。这意味着，现代的迁入人群完全取代了远古人群，这一过程在非洲从 15 万年前开始，在之后的 10 万年中扩散到欧亚大陆。

　　威尔逊及其研究组在 1987 年 1 月的《自然》杂志首次发布成果时，他们的大胆陈述引起了人类学家的惊慌失措和公众的广泛兴趣。威尔逊和他的同事们写道："智人从古老型向现代型的转变于 14 万到 10 万年前首次出现在非洲，现今的所有人都是他们的后代。"（后来的研究把出现的时间稍稍提前。）华莱士研究组对此持支持态度。

沃尔波夫仍坚持自己的"多地区进化"假说，认为上述资料不可信。而威尔逊及其同事们经继续研究有了更多的发现，断言其结论在统计学上毋庸置疑。但后来他们的研究又遇到了统计上的问题，就不再像以前宣称的那么肯定了。许多分子生物学家仍认为，线粒体 DNA 数据可以证实"走出非洲"假说。人们注意到，根据细胞核中的 DNA 而得出的遗传信息，与线粒体 DNA 数据所显示的情况相同。

取代是怎么发生的

提出现代人之前的那些人被现代人部分或完全取代这一见解的人，正面临着一个棘手的局面："取代是怎么发生的？"沃尔波夫认为，取代的过程发生了激烈的种族灭绝。我们对此类屠杀耳熟能详，例如，19 世纪美洲和大洋洲原住民被大规模杀戮，这类事件也许以前也曾发生过，只是到目前为止还没有更早时期的杀戮证据。

在没有杀戮证据的情况下，我们不得不寻找其他有说服力的假说来代替这个暴力假说。如果找不到替代假说，尽管无处求证，这个假说却更具说服力。纽约州立大学布法罗分校的人类学家埃兹拉·朱布罗（Ezra Zubrow）就在寻找这种替代假说。他研究出一个各群体相互影响的计算机模型，其中一个群体较另一个群体有稍大的竞争力。他通过此模型判断出，优等群体需要什么样的优势就能快速取代另一群体。答案竟然是：一个群体只需要 2% 的优势就能在 1 000 年内消灭另一群体。

我们可以理解群体间会通过武力消灭彼此，却难以理解一个微小优势，如开发食物资源方面的微弱优势如何在相对短暂的时间内产生巨变的。如果现代人只是稍微优于尼安德特人，那么该如何解释二者在中东共存了 6 万年之久呢？一种解释是，尼安德特人虽然在解剖结构已经进化为现代人，但其现代人的行为却很晚才出现。第二种解释则获得了更多的赞同，认为二者实际的共存情况不像看起来那么明显。不同群体随气候变化轮流占据一个地区。天气较冷时，现代人向南迁徙，尼安德特人占据中东；天气较暖时，情况则相反。因为不能测出洞穴堆积物的确切年代，这种"共享"一个地区的现象会被误读为"二者是共存的"。

值得注意的是，我们确切知道在西欧的尼安德特人和现代人在 3.5 万年前共存，共存时间为 1 000 年或者至多 2 000 年，这与朱布罗的假说相符。他的假说虽未确切显示现代人通过人口数量优势取代其之前的人种，但他的假说表明，暴力不是唯一的取代方式。

这么多说法会把我们带向何方呢？尽管研究了大量信息，但有关现代人起源的重要争论仍在发酵。我认为，"多地区进化"假说也许并不正确。我的设想是：现代智人作为独立的进化群体发源于非洲某处，当第一批现代人的后裔扩散到欧亚大陆时，会与那里的人群混合。然而，目前的遗传证据为什么无法解释这种情况呢？我不清楚其原因。或许是对这些证据的解释不正确，或许"多地区进化"假说最终被证明为正确。当争论平息、新证据被发现时，这种不确定性才有可能得到解决。

The
Origin of
Humankind

06

艺术的语言

从距今 3.5 万到 1 万年前的冰河时期里，人类在洞穴中创作了大量震撼人心的雕塑、绘画作品。随着冰河时期的结束，这些具象作品被抽象图案代替而全部消失。它们可能是巫术的产物。

过去 3 万年中的雕刻、绘画或塑造出的动物和人类形象，是人类史前时代最有影响力的遗迹，这一点毋庸置疑。现代人这时已出现并占据了旧大陆多数地区，但可能并未占据新大陆。无论生活在非洲、亚洲、欧洲和大洋洲，人类都创作了各自世界的图景。显然，他们的创作热情不可阻挡，这些图景本身也引人入胜、神秘莫测。

作为人类学家，让我最难忘的一次经历是在 1980 年考察了法国西南部保存着古老艺术品的几个洞穴。那时，我正在为英国广播公司制作系列电影，所以有机会看到鲜为人知的东西，如多尔多涅区莱埃齐斯（Les Eyzies）镇附近著名的拉斯科（Lascaux）洞穴。它是冰河时期欧洲所有洞穴中艺术品保存最完好的一处。为了保护绘画作品的完整性，此洞从 1963 年以来不再对公众开放。目前，它有严格的限制，一天只接待 5 名参观者。好在洞中的有画洞壁的复制品已经完成，人们仍可看到那些作品。1980 年参观拉斯科洞穴真迹让我想起了 35 年前的一段光阴，当时我与父母以及法国最有名的史前学家亨利·步日耶（Henri Breuil）曾来这里参观。虽然现在洞里的牛、马和鹿的图像和我年轻时看到的一样，都是静止的，但我觉得它们似乎在眼前移动。

　　法国阿里热（Ariège）地区的蒂克·多杜贝尔（Tuc d'Audoubert）洞穴与拉斯科洞穴一样壮观。罗伯特·贝古安（Robert Bégouën）伯爵的领地上有三处存有远古艺术品的洞穴，蒂克·多杜贝尔洞穴是其中之一。有一条狭窄而弯曲的通道从明亮的洞口向内延伸几公里到达幽暗的洞里，伯爵手电的光亮照到墙上，形成跳跃的影子，照得地板闪着橘色的光；通道尽头有一个小圆厅，天花板向下倾斜至地面，靠近岩石的地方可以看见两头用黏土精心雕塑的野牛。

　　我已看过这两座著名雕像的图片，但没有料到能看到本尊。两座雕像的尺寸大约是活牛的 1/6，形态完美，静中有动，充满生命气息。在 1.5 万年前的工作条件下，创造出如此精致的雕像，实在是让人瞠目结舌。他们点燃烧动物油的简易灯，从附近洞穴背来黏土，用手指和某个扁平的工具塑造动物的形状，眼、鼻、嘴和鬃毛则是用一根尖棍或骨头刻出来的。完成作品后，他们认真清理制作时掉下来的大部分残余，只留下几段香肠形的黏土，有人认为那象征着男性生殖器或动物的角，现在则被当作雕塑家试验黏土可塑性的样品。

　　时光流逝，制作野牛雕像的原因和当时的制作环境已无从考证。洞里还有第三件艺术品，它的雕刻粗糙，放在前两件艺术品附近的洞穴地面上，此外还有一个也由黏土做的小雕像。最有意思的是，野牛雕像周围的脚后跟印记可能出自儿童。是不是在艺术家工作时，儿童在旁边玩耍呢？如果是孩子们的脚印，为什么看不到艺术家的脚印呢？这些脚后跟的印记会是举行某种仪式时留下的吗？它们是否包含了旧石器时代晚期以野牛为中心的神话内容的某些部分呢？我们不知道答案，也许无从知道。如同南非考古学家戴维·刘易斯 –

威廉斯（David Lewis-Williams）谈及史前艺术时说的那样：
"含义总是受到文化的制约。"

在威特沃特斯兰德大学工作的刘易斯－威廉斯一直在研究卡拉哈里的昆桑人艺术，他打算阐明包含冰河时期欧洲艺术在内的史前艺术的意义。他发现，在社会的复杂文化网络中，艺术表现可能是神秘的线，神话、音乐、舞蹈也是网络的一部分。对整体来说每一条线都意义重大，但就其本身而言，它们并不完整。

即便证实了洞穴绘画在旧石器时代晚期生活中的作用，我们就能了解其内涵吗？我对此表示怀疑。我们需要思考与现代宗教有关的故事，以发现神秘标志的重要性。这些标志如果脱离了其所属的文化，就可能毫无意义。试想一个人手握权杖、脚下有一只羔羊，这一景象对基督徒意义重大。而对于从未听过基督教故事的人来说，该景象完全没有任何寓意。

我的意思只是告诫而不是绝望。如今我们所保存的古代图像只是一个古代故事的小片段。尽管我们迫切地想了解图像的含义，但我们只能明智地承认自己的理解力有限。此外，西方人对史前艺术的理解，一直存在强烈的、无法避免的偏见。这会导致人们很少关注东非和南非同样古老或更古老的史前艺术，还会导致人们以西方的方式看待艺术，把它当作挂在博物馆里的画，是纯粹观赏的东西。法国史前学家安德烈·勒鲁瓦－古尔汉（Andre Leroi-Gourhan）的确曾把冰河时期的图像描绘成"西方艺术的起源"。但实际情况显然并非如此。因为冰河时期在1万年前结束时，绘画和雕刻也被图解式图像和几何图案代替而全部消失。拉斯科洞穴中艺术品所使用的透视法和动态画法，是随着文艺复兴在西方艺术中再次被发明出来的。

冰河时期的艺术

在试图通过远古图像这一媒介回望旧石器时代晚期生活之前，我将概述有关冰河时期艺术的观点。冰河时期始于3.5万年前，在1万年前结束。需要记住：西欧复杂的技术最早也出现在这个时期，而且发展得很快，似乎在追赶潮流。旧石器时代晚期每种新技术的名字，都标志着技术演变的一段时期，我们可以用相同的方法考察冰河时期艺术的变化。

旧石器时代晚期以距今 3.4 万到 3 万年前的奥瑞纳时期
为开端。尽管迄今尚未发现存有该时期绘画的洞穴，但当时
人们会制作很多小象牙珠子来装饰衣服，用象牙雕刻精美的
人像和动物像。比如德国的福格尔赫德（Vogelherd）遗址
发现了 6 座猛犸象和马的小型象牙雕像，其中一件马像可与
整个旧石器时代晚期最精致的艺术品相媲美。音乐在人类生
活中扮演着重要角色，法国西南部阿布里·布朗夏尔（Abri
Blanchard）洞穴出土的一根骨笛就印证了这一点。

距今 3 万到 2.2 万年前的格拉维特时期的人类最早制造
了黏土雕像，作品包括动物和人的雕像。这一时期的洞穴绘
画很罕见，但在有的洞穴里发现了手印，可能是把手按在洞
壁上，沿其边缘吹上颜料而完成的。在法国比利牛斯省的加
尔加（Gargas）遗址发现了 200 多个手印，但几乎都有些
许残缺。格拉维特时期最大的突破是女性雕像，它们通常没
有面部和小腿，由黏土、象牙或方解石制成。这些雕像出土
于欧洲大部分地区，其中最典型的被称作维纳斯（Venus），
人们认为，它代表了欧洲大陆流行的女性生殖崇拜。但随后
的批判性研究显示，这些雕像的形式多种多样，没有人赞同
生殖崇拜的论调。

最引人注目的洞穴绘画，开始出现于距今 2.2 万到 1.8 万年前的梭鲁特时期。但该时期的其他艺术表现形式更加突出。例如，在有些遗址中，常有令人印象深刻的大型浅浮雕，它们对梭鲁特人极为重要。夏朗德地区的罗克·德·塞尔（Roc de Sers）遗址就是如此，那里的马、野牛、驯鹿、山羊和人的大型浮雕像被刻在岩屋后面的岩石上，有些浮雕像会突出 15 厘米左右。

旧石器时代晚期的最后一个时期是距今 1.8 万到 1.1 万年前的马格德林时期，是在洞穴深处绘画的时期。已知的80% 的洞穴绘画是这时的作品，例如，壮观的拉斯科洞穴和西班牙北部康泰布里亚（Cantabria）地区的阿尔塔米拉（Altamira）洞穴。马格德林人是天生的雕刻家和雕塑家，擅长于雕刻石头、骨头和象牙物品，有些雕刻器物具有实用性，如投矛器；有些显然无用，比如权杖。虽然人们普遍认为人像在冰河时期的艺术品里很罕见，但在马格德林时期却恰恰相反。在法国西南部马齐（La Marche）洞穴生活的马格德林人雕刻了 100 多个人头侧面像，每个都形态各异，像是人像的侧写。

阿尔塔米拉洞穴所在的农场主人是唐·马塞利翁·德·索图拉（Don Marchllion de Sautuola），要不是他的女儿玛利亚（Maria），这个洞口顶部的壮丽绘画可能永远不见天日。1879 年的一天，父女二人来到这个 10 年前已被发现的洞穴勘察。玛利亚走进父亲曾经考察过的一个较矮的洞室。她后来回忆说："我在洞里跑来跑去到处闲逛时，突然看到洞顶的画像。"她叫了起来："看，爸爸，是牛。"借助油灯摇曳的光线，她看到了 1.7 万年来没人见过的画像：24 头野牛围成一圈，周围还有 2 匹马、1 只狼、3 只野猪以及 3 只雌鹿，它们有红色、黄色还有黑色，看起来就跟刚画的一样鲜艳。

玛利亚的父亲是一名热忱的业余考古学家，他惊讶地看到女儿的新发现，同时意识到这是一个重要的发现。遗憾的是，当时的专业史前历史学家却没有这样认为，因为这些画是如此颜色鲜艳、栩栩如生，以至于被当成近代艺术家的作品。它们看上去过于完美、过于逼真、过于美妙而不像是原始智慧的创作，所以被认定出自近期巡回艺术家的手笔。

那时，人们已发现了骨头和鹿角的雕刻品等几件便携艺术品，因此承认存在史前艺术，但不认为绘画产生于远古时代。讽刺的是，在发现阿尔塔米拉洞穴的绘画前，一位教师莱奥波德·希隆（Léopold Chiron）在法国西南部的夏博（Chabot）洞穴的洞壁上发现了雕刻艺术，但实在是难以辨认。史前学家不把它们当成旧石器时代晚期洞壁艺术的证据。英国考古学家保罗·巴恩（Paul Bahn）指出："夏博洞穴的雕刻图案过于简单，不被人们当回事；阿尔塔米拉洞穴的壁画太壮观，使人不敢相信。"

直到德·索图拉在 1888 年去世时，阿尔塔米拉洞穴的壁画仍被当成一个明显的骗局而得不到认可。随着在法国类似发现的积累，虽说都影响不大，但阿尔塔米拉洞穴的壁画最终被确认为真正的史前艺术品。在这些发现中，法国多尔多涅地区的拉穆特（La Mouthe）洞穴最重要。从 1895 年到世纪之交，这一洞穴中发掘出一头野牛雕像和几幅绘画，它们都代表了洞壁艺术。其中一些绘画被旧石器时代晚期的沉积物覆盖，可以证明它们的古老。而且在洞内第一次发现了旧石器时代用砂岩刻出来的灯，它为艺术家在洞穴里工作提供了条件。专家们开始转变看法，承认旧石器时代晚期的绘画是真实的。埃米尔·卡泰拉克（Émile Carthailac）曾强烈质疑绘画的真实性，他于1902年发表了题为《承认被怀疑的错误》的文章，其中写道："我们不再有任何理由怀疑阿尔塔米拉洞穴内的艺术品。"虽然他的文章已成为科学家勇于承认错误的范例，但其文章的语气较为牵强，还为自己之前的反对态度而辩护。

巴恩说，最初冰河时期的绘画被看作"闲来无事时，像玩耍般的乱写乱画，是狩猎者闲暇时漫不经心的装饰"。他说这种解释源于当时法国的艺术概念，这一概念认为："艺术仍然被认为是近几个世纪的产物，包括画像、风景和叙述性图画。它纯粹只是艺术，唯一的功能是取悦和装饰。"一些有影响力的法国史前学家反对教会权威，不愿意给旧石器时代晚期的人赋予宗教色彩。在一开始这种说法看起来合情合理，因为便携式器物这类艺术品看上去确实构造简单。但后来，更多的洞壁艺术的发现改变了该说法。就洞顶和洞壁上动物的相对数量来说，绘画未必反映真实生活；而且有些绘画的图案是奇形怪状的几何符号，很难看出来有什么具体含义。

加利福尼亚大学圣克鲁兹分校的约翰·霍尔沃森（John

Halverson）提出，史前学家应回归"为了艺术而艺术"这一理念。他认为我们不应该期望人类意识在其刚进化时就已充分发展。由于那时人们的思维很简单，所以最初的史前艺术作品也很有可能过于简单。阿尔塔米拉洞穴的绘画看上去就很简单，虽然以个体或群体的形式描绘了马、野牛和其他动物，但鲜有接近自然的原样，这些图像准确但缺乏背景。霍尔沃森说，这说明冰河时期的艺术家们只针对其生活环境的一部分进行绘画或雕刻，完全没有神话的内涵。

我认为这个论据缺乏说服力，只要举几个冰河时期的例子就足以表明它们比现代人最初有缺陷的作品艺术得多。例如，在贝古安伯爵拥有的三兄弟洞穴中，有一个人兽合一的男巫师壁画，他用后腿站立，脸朝前瞪着眼睛看向壁外。该壁画是由人和许多不同动物的各部分组成的，头顶一对大鹿角。这不是霍尔沃森所说的那种简单的图像，那种"未经认知调节"的图像。拉斯科洞穴的"野牛大厅"中的野牛也不是简单的形象，野牛被画成独角兽，可能是由人乔装的动物或人兽合一的怪物。许多这种壁画让人相信：它们在很大程度上是由认知加工过的图像。

最重要的是，那些图像比霍尔沃森所说的更为复杂。正如我前面提到的，冰河时期的绘画和雕刻的内容都不是真实的自然景象，没有一幅作品真正像风景画。而且从其遗址中出土的动物遗骸来看，那些图像也没有描绘日常饮食。旧石器时代晚期的画家们脑海里想的是马和野牛，但吃的是驯鹿和雷鸟。很多动物在壁画上比在自然风景中更突出，这一定别有他意：在旧石器时代，它们对于画家来说有特殊的重要性。

狩猎 – 巫术假说

为什么旧石器时代晚期的人会画出那些壁画呢？第一个重要的假说是有关狩猎的巫术。19世纪末20世纪初，人类学家们认识到，澳大利亚原住民的绘画属于巫术和图腾仪式的一部分，目的是提高狩猎的收获。宗教历史学家萨洛蒙·雷纳克（Solomon Reinach）于1903年提出，在巫术和图腾仪式中，绘画过多表现了几种与自然环境相关的动物，旧石器时代晚期的艺术大抵如此。在这一时期，人们像澳大利亚原住民那样，为了确保图腾动物和猎物数量的增加而绘画。

　　亨利·步日耶认同雷纳克的看法，并在其漫长的学术生涯中以极大的热情极力发展并提倡它们。他用了将近60年的时间来记录、在地图上标定、复制并统计了欧洲所有洞穴的图像，同时还研究了旧石器时代晚期艺术进化的年代记录。步日耶和大多考古学家一样，把艺术看作是有关狩猎的巫术。

　　关于狩猎 – 巫术假说的一个明显问题是，旧石器时代晚期的绘画并未反映画家的饮食习惯。法国人类学家克劳德·列维 – 斯特劳斯（Claude Lévi-Strauss）曾指出，卡拉哈里昆桑人和澳大利亚原住民的艺术里过多描绘某些动物，不是因为它们是吃的东西，而是因为它们容易构思。1961年步日耶去世时，跟步日耶一样著名的法国史前学家勒鲁瓦 – 古尔汉提出了一种新观点。

　　勒鲁瓦 – 古尔汉在许多图像的布局中找寻艺术结构，而不像步日耶那样，在单个图像中寻找它的意义。他长期考察有绘画的洞穴，并最终找到重复的布局，也就是一种动物占领洞穴的一个特定部分。例如，洞口有鹿的图案，洞中央主要有马、野牛和公牛等动物。洞的深处大多是食肉类动物的图案。而且他认为动物图案有雌雄之分：马、鹿和大角野山羊代表雄性，野牛、猛犸象和牛代表雌性。勒鲁瓦－古尔汉认为，绘画中图案顺序反映了旧石器时代晚期社会男性和女性的有序划分。另一位法国考古学家安妮特·拉明－昂珀雷尔（Annette Laming-Emperaire）虽提出了类似的雌雄二元性的说法，但对于具体哪个图像代表雄性，哪个代表雌性，两位学者意见不一，最终导致该说法不成立。

　　洞穴本身的结构可能影响艺术的表现，这一说法后来又以另一种不寻常的方式流行起来。法国考古学家伊艾戈·雷茨尼科夫（Iégor Reznikoff）和米歇尔·多瓦（Michel Dauvois）详细考察了法国西南部阿里热地区有旧石器时代晚期艺术品的三个洞穴，他们不像平常那样寻找石器、雕刻品或新的壁画，而是在洞内唱歌。最为特殊的是，他们慢慢地走过整个洞穴，反复停下来测试洞内每个位置的回声，用三个八度的音调绘制了每个洞穴的回声图，并且发现，回声最大的区域很可能藏有绘画和雕刻品。在其 1988 年年底发表的报告中，雷茨尼科夫和多瓦指出，洞穴回声的方法很有效，在冰河时期简陋油灯的光线下，回声效果一定会大大增强。

我们很容易想象旧石器时代晚期的人们在洞穴壁画前唱念咒语的情景。这种不平常的情景常出现在洞穴深处难以到达的地点，暗示着这是一种仪式。当一个人面对冰河时期的作品时，正如我站在蒂克·多杜贝尔洞穴的野牛壁画前时，心中涌现出远古时代的声音，也许还伴随着鼓声、笛声和哨声。剑桥大学的考古学家克里斯·斯卡雷（Chris Scarre）当时评论道：雷茨尼科夫和多瓦的发现使人惊奇，"令我们开始关注早期祖先仪式中音乐和唱歌的重要性"。

1986 年，勒鲁瓦 – 古尔汉去世时，史前学家们重新研究了他生前的观点，就像步日耶去世时的情况一样。现在，他们准备接受多种不同的解释，但都强调了文化的背景，并更明确地意识到把现代社会的思想强加于旧石器时代晚期的社会是危险的。

几乎可以肯定的是，至少是冰河时代的艺术里的某些元素反映了旧石器时代晚期人们对于自己所处世界的认知，反映了有关其精神世界的表达方式。之后，我还会谈到这个问题。而他们组织社会和经济生活的方式则是更实际的问题。加利福尼亚大学伯克利分校的人类学家玛格丽特·康基

（Margaret Conkey）提出，阿尔塔米拉可能是该地区数百人的秋收地，那里有很多赤鹿和帽贝，为人群聚集提供了经济因素。但正如我们从现代的狩猎－采集者模式所得出的结论，促使聚集的经济原因只是表面因素，更多因素是为了社会和政治联盟的建立，而不是纯粹的实用性。

英国人类学家罗伯特·拉登（Robert Laden）认为自己能在西班牙北部洞穴中发现这种联盟。阿尔塔米拉等重要遗址在半径为 16 公里的范围内被更小型的遗址包围，它们似乎是政治和社会联盟的中心，而方圆 32 公里似乎是维持联盟的最合适的范围。在法国洞穴遗址中并没有发现类似的模式。

或许，阿尔塔米拉洞穴顶部的野牛和其他动物图像的排列方式，表现了该联盟的影响范围。洞顶的画主要是由 20 多幅围绕边缘排列的彩色野牛像构成的。康基的建议是，这些图像可能代表了聚集于此的各个人群。值得注意的是，考古学家在阿尔塔米拉发现的雕刻品似乎是具有不同地方特色的艺术品。那时，在整个西班牙北部，人们用锯齿纹、新月形、巢状曲线等各种各样的图案装饰实用器物。已经鉴定过的图案有 15 种，它们代表各自的地区，隐含着地方性风格或不同人群的特点。在阿尔塔米拉遗址一处就发现了许多具有不同地方特点的艺术品，这有力地证明了该地是重要的社会和政治遗址。然而，迄今为止，在拉斯科洞穴还没有发现这样的证据。如果说，拉斯科遗址对画家以外的其他人很重要，这也合情合理。或许，拉斯科的地位来源于一次重要的精神事件，比如旧石器时代晚期一次造神事件为其增添了魅力。在生活环境较差的澳大利亚原住民中间，曾有类似的事件发生。

巫师的幻觉

我曾说过，冰河时期的艺术来源于古人的生态背景中的动物，并且这些动物的相对比例不与实际情况吻合，这表明了艺术本身的神秘莫测。但除了具体形象之外，壁画中还有其他零散的几何图案或符号，如圆点、格子、锯齿形花纹、曲线、之字形花纹、巢状曲线以及矩形，这是旧石器时代晚期艺术最让人迷惑的因素。大部分符号被解释为狩猎－巫术或雌雄二元性假说的组成部分。刘易斯－威廉斯近期提出了一个新颖而有趣的说法。他认为这些符号是巫术的迹象，是由幻觉而产生于头脑中的图案。

　　刘易斯－威廉斯研究南非昆桑人艺术已经 40 年了。大多数昆桑人艺术可追溯到 1 万年前，也有些是近代的创作。他逐渐意识到，昆桑人艺术与西方人类学家长期以来的假定不同，它未能表现出昆桑人淳朴的生活。相反，它是巫术的产物，表现了巫师的灵魂，再现了巫师在幻觉状态下看到的东西。刘易斯－威廉斯及其同事托马斯·道森（Thomas Dowson）曾访问了一位住在南非特兰斯凯的特索洛（Tsolo）区的老太太，她是巫师的孩子，讲述了某些现已消失的巫术。

　　她说，巫师能用麻醉药和强力呼吸使自己"阴魂附体"，之后成群的妇女们富有韵律地歌唱、跳舞和拍手。随着"阴魂附体"状态的加重，巫师开始哆嗦，胳膊和身体猛烈颤动，好像昏死过去一样，身体弯曲，看起来很痛苦。转角大羚羊在昆桑人神话中代表强大的力量，巫师可以割断羚羊的脖子和喉咙，用力把流出来的血灌进一个人脖子和喉咙的刀口，这样就能给这个人注入力量。后来，巫师再用羚羊血把幻觉中的图景画出来。老太太还告诉刘易斯－威廉斯，图像有其自身的神力,这神力来自图像在绘画过程中的相关幻觉情景,把手放在上面可以得到力量。

　　大羚羊经常出现在昆桑人的绘画中,其力量以多种形式表现出来。刘易斯－威廉斯想知道:马和野牛对于旧石器时代晚期的人来说是否也是类似的力量来源,也就是说,人们是否会通过求助这些图像,并触摸它们以攫取灵魂的力量。他需要证据证明旧石器时代晚期的艺术就是巫术,几何符号可以作为探索问题的线索。

　　刘易斯－威廉斯查找的心理学文献指出,幻觉包括三个阶段,依次从简单到复杂。在第一阶段,被"阴魂附体"的人可以看到格子、Z字形、圆点、螺旋形和曲线等几何图形,总共6种形式的图像闪闪发光,变化莫测,充满力量。它们由大脑基本的神经结构产生,因此被称为"内视"图像。刘易斯－威廉斯于1986年发表于《当代人类学》(*Current Anthropology*)的一篇论文指出:"该图像来自人的神经系统,当人们的意识进入某种特殊状态时,不论其文化背景如何,都很容易看到这些图像。"在第二阶段,"阴魂附体"者开始把图像看作实物,比如,曲线被认为是地形上的山,锯齿形花纹被当作武器等。一个人能看到的东西的性质取决于其文化素养和所关心的对象。昆桑人巫师常把曲线看作蜂窝状图像，是因为蜜蜂是让他们进入"阴魂附体"时利用的超自然力的象征。

从第二阶段过渡到第三阶段的过程中，常出现穿越旋涡或旋转隧道的感觉，可以看到完整的图像，或平常，或特殊。该阶段重要的图像是人兽合一的怪物，也被叫作兽人（图6-1）。它们在昆桑人的巫术中很常见，也是旧石器时代晚期艺术里引人入胜的部分。

第一阶段幻觉的内视图像存在于昆桑人艺术中，这是能够证明巫术存在的客观证据。在旧石器时代晚期艺术中可以看到相同的图像，它们有时叠压在动物图像上，有时独自存在，与神秘的兽人图像结合起来，有力地证明了这一时期的某些艺术的确是巫术。约翰·霍尔沃森说："这些兽人图案是史前人类头脑中没有建立人与动物的明确界限的产物。"然而，这恰恰是一种误读。如果图像在幻觉中产生，那么对于旧石器时代晚期画家来说，它们与马和野牛一样真实存在。

图6-1 一张来自过去的脸

人与动物的结合体，例如法国西南部的三兄弟洞穴中发现的男
巫师像，在旧石器时代晚期的艺术中很常见。这说明艺术刚起
源时是一种巫术。

　　提到艺术，我们总会想到画在帆布或墙壁上的绘画，总
有一个表面的存在。但巫术并非如此，巫师的幻觉常从岩石
表面产生，刘易斯－威廉斯解释道："巫师看到的图像好像

早已被印刻在灵魂里,他们在绘画时只是画出已存在的东西。因此,最初的图像不是用想象的表现主义画出来的,而是来源于脑海里已有的图像。"他提出,岩石表面是现实世界与灵魂世界的分界和通道,不只是形成图像的媒介,更是图像和仪式的组成部分。刘易斯 – 威廉斯的假说引发了极大的关注和反对,但它能让我们以不同的视角看待艺术。巫术艺术的实施和使用与西方艺术不同,它为我们以新的方式考察旧石器时代晚期的艺术提供了机会。

法国考古学家米歇尔·洛布兰谢(Michel Lorblanchet)多年来的研究使我们能以不同的方式考察旧石器时代晚期艺术。若干年来,他一直从事实验考古学。他通过复制洞穴中的壁画,试图感受冰河时期艺术家艰巨的工作和经历。他希望重新创作法国洛特地区的佩谢·梅尔(Peche Merle)洞穴的马像,这两匹马离得很远,但臀部稍稍重叠,约 1.22 米高,身上有黑色和红色的小圆点,周围有手印。由于绘画的岩石面比较粗糙,所以艺术家显然是用管子将颜料吹上去,而不是用刷子刷上去的。

洛布兰谢在附近洞穴中找了一块类似的岩石面,想用吹的方法重新画出这些马，他告诉《发现》杂志（*Discover*）的撰稿人："我一天花 7 个小时，'噗噗噗'地吹了一星期，洞中的一氧化碳把我弄得筋疲力尽。但这样绘画使我有一种特别的感受，好像把图案镶嵌在岩石里——把你的灵魂从身体最深处喷射到岩石面上。"这种研究方法听上去不科学也很难理解，但若要实现远大目标，可能就要不走寻常路。洛布兰谢复制洞穴古画的大胆做法就很有创新意识，而这一次的尝试也无疑是一种创新。如果冰河时期的绘画是旧石器时代晚期神话的组成部分，那么无论画家采取何种方式上颜料，他们确实是把自己的灵魂画到了洞壁上。

我们无从知晓雕塑家在蒂克·多杜贝尔洞穴创作野牛、画家在拉斯科洞穴画独角兽，以及冰河时期任何一位艺术家在进行艺术创作时的想法。但可以肯定的是，对于艺术家和以后看到这些艺术品的人来说，他们的所作所为一定会有深远的影响。艺术的语言对行家来说意义重大，但不懂艺术的人会对此感到困惑。我们已知的是，史前艺术中一定有现代人的精神在工作，创造符号和抽象事物方面的某些能力，只有智人才能做到。虽然还不能肯定现代人进化的过程，但我们知道，它影响我们今天每个人的精神世界的出现。

The Origin of Humankind 07

语言的艺术

语言将智人与自然界的其他物种相区分。因为说出的话不会在历史中留存下来，我们只能通过解剖结构、人工制品和脑量等指标，推断语言出现的时间。这个时间的利害关系比还原史前历史进程更重大。

语言的进化

　　毫无疑问，口语的进化是人类史前时期的转折点，甚至可能是唯一的转折点。人类有了语言，就能在自然界中开辟新的世界，即内省意识和我们创造并共享的"文化"世界。语言是媒介，而文化是小生境。夏威夷大学的语言学家德里克·比克顿（Derrick Bickerton）在1990年出版的《语言和物种》（*Language and Species*）中，提出了支持这一观点的充分理由："只有语言能够冲破任何其他物种被束缚其中的直接经验的牢笼，把人类解放出来，让我们获得无限自由的空间和时间。"

　　人类学家只能确认两个有关语言的议题，一个是直接的，一个是间接的。直接的议题是，口语把智人和其他生物明显地区分开来，除人类以外，任何生物都没有复杂的口语作为沟通和内省的媒介。间接的议题是，智人的脑量是非洲猿的3倍，而非洲猿与人类的亲缘关系最近。以上两点肯定有联系，但其性质仍备受争议。

　　具有讽刺意味的是，虽然哲学家们长期研究语言的世界，但已知的大部分研究成果在近30年才出现。关于语言进化的起源大概有两种看法。第一种看法把语言进化看作人的独特特征，是随脑部增大而出现的能力；这种能力需要越过某种认知的门槛，在近期才迅速出现。第二种看法认为，口语是在非人的祖先中通过作用于各种认知能力的自然选择而进化的，这些认知能力包括交流的能力，但不仅限于此。在这一连续的过程中，语言随人属的进化而在史前时代逐渐进化发展。

　　麻省理工学院语言学家诺姆·乔姆斯基（Noam Chom-

sky）同意第一种看法，他有很大的影响力。乔姆斯基学派
囊括了大多数语言学家，他们认为从早期人类的记载中寻找
语言能力的证据用处不大，更不用说在猿猴类物种中寻找语
言的证据了。因此，试图用计算机和符号字教猿猴用符号交
流的人，受到了第一种看法支持者的强烈反对。本书的主题
之一是在哲学层面划分两种观点，一是将人类看待成与自然
界其他生物分离的特殊物种，二是人与自然紧密相连。有关
语言的性质和起源的争论越发激烈，语言学家对猿语研究者
的尖锐批评所反映的无疑是这种划分。

　　针对唯独人类才有语言这一观点，得克萨斯大学的心理
学家凯瑟琳·吉布森（Kathleen Gibson）评论道："尽管这
一观点的基本原理和讨论是科学的，但也很符合西方悠久的
哲学传统，可以追溯到《圣经》的作者、柏拉图和亚里士多
德的著作，他们认为人类与动物的精神和行为有本质区别。"
所以人类学文献中充斥着"人类是独一无二的"观点，认为
制造工具、使用符号和镜像认识等是人类独有的行为，当
然还有语言。自 20 世纪 60 年代以来，人们发现猿类能使
用工具、符号并用镜子看到自己，"这些行为是人类独有的"
这一说法才逐渐瓦解。只有口语这一领域依然完好无损，所

以语言学家成为人类独特性最后的辩护人，并非常认真地履行着职责。

　　语言产生于人类的史前时代，这一过程利用了某种方式且遵循着某种时间轨迹，改变了作为个体和一个物种的人类。比克顿说："在我们所有的精神能力中，语言处于意识的最深处，是理性最难理解的部分；我们无法回忆没有语言的时代，更不必说获得语言的方式了。当我们第一次能表达一个观点时，语言就已经存在了。"作为一个个体，我们依靠语言在世界上生存，难以想象没有语言的世界。作为一个物种，语言通过精致的文化改变了人类彼此交往的方式。语言和文化既让我们彼此结合又各自区分。世界上现存的5 000种语言由人类共同的能力所创造，但这5 000种语言所创造的文化又彼此分离。我们基本上是文化的产物，但直到面对完全不同的文化后，我们才认识到文化是我们自己创造的人工制品。

　　语言将智人与自然界的其他物种区分开来。人类发出不连贯的声音或音素的能力，只比猿类的这种能力略胜一筹：人类有50种音素，而猿约有12种。但是我们可以无限地使用那些声音，把它们编排或重组为 10 万个单词，进而组合成无数个句子。因此，智人快速、详细交流信息的能力以及丰富的思想在自然界中都是无与伦比的。

我们的首要任务是解释语言如何产生的。按照乔姆斯基的观点，自然选择不是语言产生的根源，因为语言的出现是一个偶然事件，一旦认知能力发展到一定程度，它就会产生。乔姆斯基认为："我们目前还不清楚，在人类进化时期的特殊条件下，10 亿神经细胞被放在一个篮球大小的物体中时，自然规律是如何起作用的。"语言学家史蒂芬·平克（Steven Pinker）[1] 和我都反对这个观点，平克简明扼要地指出，乔姆斯基把这一问题的顺序颠倒了。他认为，脑量的增加更可能是语言进化的结果，而不是相反；是大脑内部的微电路连接方式使语言产生，与大脑的大小、形状和神经元的结构无关。平克在 1994 年出版的《语言本能》（*The Language Instinct*）中收集了口语遗传基础的证据，来说明语言是通过自然选择而进化的。这些证据使人印象深刻，但因数量太多，此处无法深究。

---

[1] 史蒂芬·平克的著作《当下的启蒙》《白板》《语言本能》《心智探奇》《思想本质》已由湛庐文化策划，浙江人民出版社出版。——编者注

　　问题是，促使口语进化的自然选择压力是什么呢？这种能力并非一出现就很完美，所以我想发问，尚未完全成形的语言会带给祖先哪些优势呢？显而易见，语言提供了有效的沟通方式。当我们的祖先开始从事比猿的生存方式更富有挑战的狩猎和采集时，语言能力确实让祖先受益。随着这种生存方式日益复杂，社会和经济关系更需要协调，有效的沟通也更有价值，所以自然选择稳步提高了语言能力。因此，与现代猿类的喘气声、轻蔑叫声和哼哼声类似的古代类人猿的声音的基本组成部分会扩大，其表达会更有结构性。正像我们如今所知，语言是随着狩猎和采集的迫切需要而出现的，或似乎如此。关于语言进化的其他假说还有很多。

　　随着狩猎－采集这种生活方式的发展，人类的技术也更加完善，制作的工具更为精细复杂。这一进化上的变化从200多万年前一个人属物种的出现开始，在近20万年内随着现代人出现、脑量增加两倍而到达顶峰。脑量从最早南方古猿的400毫升左右，扩大到今天平均1 350毫升。长期以来，对于日趋复杂的技术和日趋增加的脑量，人类学家得出了二者之间的因果关系，即前者驱动后者。这是我在第1章中提到的达尔文主义"一揽子"进化学说的一部分。后来，肯尼思·奥克利于 1949 年在《人，工具制造者》(*Man the Toolmaker*) 这一经典文献中高度概括了对人类史前时期的这种看法。正如第 5 章讲到的，最早提出这些看法的研究者之一奥克利认为：现代人的产生是语言逐步完善至今天的水平而引起的一连串连锁反应的结果，换句话说，现代语言造就了现代人类。

然而，近来流行着一种新的人类心智形成的进化解释。这种观点认为，人是社会动物而不是工具制造者。如果语言作为社会交往的工具而进化，那么在狩猎–采集的社会中，语言沟通能力的提高只能被认为是次要的因素，而不是进化的根本原因。

哥伦比亚大学的神经学家拉尔夫·霍洛韦 (Ralph Holloway) 在 20 世纪 60 年代首先提出了这种新观点。他在 80 年代的一篇文章中写道："我认为，语言产生于合作而非侵略的社会行为认知母体，并依赖于两性劳动分工互补的社会结构。这是一个必需的适应进化策略，可使幼儿期、生殖成熟期的时间延长，这种发育推迟使人类脑部更大并能进行行为学习。"这一论点与我在第 3 章中描述的人科生活史模式相当一致。

霍洛韦的开创性新观点经过几次变化，被称为社会智力假说。灵长类学家罗宾·邓巴（Robin Dunbar）[①]继承了这一假说。他认为："更传统的理论是，灵长类需要较大的脑部来帮助其处世和解决它们在寻找食物时遇到的问题。另一种可供选择的理论认为，灵长类动物生活的社会环境复杂，这为大脑的进化提供了动力。"在灵长类群体生活里，梳理皮毛使个体之间亲密接触、相互照顾，成为社会交往的重要部分。邓巴说这种方式在一定规模中的群体中有效，但超过这个规模，就需要其他手段来促进社会交往了。

邓巴认为，在人类史前时代，群体成员的增多产生了新的选择压力，这种压力导致了更有效的社交能力的发展。他这样解释道："语言与梳理皮毛相比有两个有趣的特性，一是你可以同时跟几个人讲话，二是你可以在田野里一边走路、吃东西或工作，一边讲话。"所以，语言的发展让更多个体结合到社会群体中，此时语言是"有声音的皮毛梳理"。邓

---

① 邓巴的著作《人类的算法》《社群的进化》《最好的亲密关系》《大局观从何而来》已由湛庐文化引进，即将由四川人民出版社出版。——编者注

巴同时还认为，语言随智人的出现而产生。我赞同社会智力假说，但我认为，语言不是在人类史前时代的很晚时期才产生的。

语言何时出现

语言出现的时间是这场争论的基本问题。它是很早就出现了，随后再逐渐改进，还是较晚时期才突然出现的？这个问题具有哲学上的含义，与我们认为"自身究竟有多么特殊"相关。

如今，许多人类学家同意语言是最近才迅速出现的，这主要是因为旧石器时代晚期人类行为发生了突然变化。纽约大学考古学家兰德尔·怀特（Randall White）在 20 世纪 80 年代发表了一篇有争议的论文认为，10 万年前人类各种活动的证据显示他们"缺乏任何一种被现代人认为是语言的东西"。他认为，现代人的解剖结构这时已经出现，但他们还没有"发明"文化层面上的语言。"语言出现的时间要晚一些，直到 3.5 万年前，这些人才掌握我们现在所认知的语言和文化。"

怀特列举了七个方面的考古证据，按他的看法，这些证据说明恰恰在旧石器时代晚期，人类的语言能力有了明显的提高。第一，几乎可以肯定，尼安德特人时代出现了埋葬死者的行为，但在旧石器时代晚期才第一次出现陪葬品，埋葬行为有所改进。第二，打造形象和身体装饰等艺术表现首次出现于旧石器时代晚期。第三，在旧石器时代晚期，技术创新和文化开始迅速发展。第四，文化第一次出现地区性差异，这是社会界限的表现和产物。第五，远距离接触的证据在这一时期增加，其表现形式是交换外来物品。第六，遗址中的居住面积明显增大，这一程度上的整体规划和关系协调使语言成为必需。第七，人类使用的工具从以石头为主扩大到其他原材料，如骨头、鹿角和黏土，这表明了改造自然环境的复杂性，在这种情况下，语言的缺失是无法想象的。

怀特与刘易斯·宾福德和理查德·克莱因等人类学家认为，以上人类多个"第一次"活动建立在复杂的现代口语基础之上。正如我在第4章中提到的，宾福德在前现代人中未发现进行计划、预测与组织未来事件的能力的证据。语言是进化的重要环节，怀特认为："语言，尤其是符号语言，使抽象变为可能；除了良好的、以生物学为基础的沟通系统外，任何媒介都不能促使这样迅速的变化发生。"这与克莱因的见解基本一致。克莱因在南非考古遗址中发现的证据表明狩猎技能在较晚时期迅速提高，他认为这是现代人的思维包括语言能力等起源的结果。

　　尽管语言伴随现代人的出现而较快发展的观点得到了广泛支持，但它没有完全占领人类学领域。我在第 3 章中提到，迪安·福尔克的人脑进化研究表明语言在较早时期就已发展了。她在一篇文章里写道："如果人科成员不使用并改进语言，我想知道他们会用其不断变大的脑部来做什么。"马萨诸塞州贝尔蒙特医院的神经学家特伦斯·迪肯（Terrence Deacon）通过研究现代人脑而不是脑部化石得出了类似观点。他在 1989 年发表于《人类进化》(Human Evolution) 上的文章中强调道："语言能力在大脑和语言相互作用的自然选择中进化，已经至少持续了漫长的 200 万年。"迪肯比较了人类和猿类脑部结构和神经网络的差别，并指出在人类进化过程中，变化最大的脑部结构反映了口语对于计算能力的特殊需求。

　　言语不会变成化石，那么人类学家怎样解决这一问题呢？我们祖先制作的东西及其身体的解剖变化可作为间接的证据，描述我们的进化史里的各种各样的故事。我们将从脑部和声道的构造等解剖性状开始研究，然后考察考古记录中有关复杂的技术和艺术表现等行为方面的情况。

寻找语言的踪迹

我们已经看到，200 万年前人属起源，人脑开始增大，随后一直持续增大；到 50 万年前，直立人的平均脑量是 1 100 毫升，已经接近现代人脑量的平均值。南方古猿进化到人属之后，脑部突增 50%，之后不再有大幅增加。心理学家虽一直争论脑部大小的意义，但史前时代脑量增加两倍必然反映了认知能力的提高。假如脑量与语言能力有关，那么在过去的 200 万年里，脑量的增加表明了我们祖先的语言能力在逐步发展。特伦斯·迪肯对猿类和人类大脑的解剖特点的研究，表明了这种观点的合理性。

加利福尼亚大学洛杉矶分校优秀的神经生物学家哈里·杰里森（Harry Jerison）指出，语言如同人脑生长的发动机。他反对"人，工具制造者"假说所持的观点：脑部增大的进化压力来源于操作技能。1991 年，他在美国自然历史博物馆的一次重要演讲中说："对我来说，这个解释好像并不合理，制造工具只需要少量脑组织参与，而简单实用的会话的产生则需要大量脑组织来完成。"

构成语言基础的脑结构比人们想象的复杂得多。人脑中分布着许多与语言相关的区域，如果我们在祖先的脑子中能够鉴别这样的区域，将有助于解决语言问题。然而，对已灭绝人种的大脑的解剖研究仅限于脑部表面轮廓，大脑化石无法体现其内部结构。幸运的是，我们可以在大脑表面看到与语言和使用工具有关的区域，这就是布罗卡区，位于大多数人左太阳穴附近凸起的地方。如果我们能在人脑化石上找到布罗卡区的证据，那么这将成为语言能力出现的一个不确定的标志。

第二个可能的标志是现代人左脑和右脑大小不同。大多数人的左脑大于右脑，部分原因是左脑与语言相关，而这种不相称也与人类惯用右手相关。90% 的人类惯用右手，所以惯用右手和使用语言的能力可能与左脑较大有关。

　　拉尔夫·霍洛韦研究了 1470 号头骨的脑形。该头骨于 1972 年在图尔卡纳湖东岸发现，是约 200 万年前的能人标本（见图 2-2）。他不仅发现了头盖骨内侧存在布罗卡区，而且发现左右脑不对称，这表明能人的发声范围比黑猩猩广，黑猩猩只能用喘息声、不满声和哼哼声交流。他在发表于《人类神经生物学》杂志（*Human Neurobiology*）上的一篇文章中指出，虽然不可能弄清语言的起源时间和开始方式，但其起源可能要"追溯到古生物学"。霍洛韦提出语言从南方古猿就已经开始进化，但我不赞同他的观点。本书所有关于人科进化的讨论都指出了人属出现时人科适应特征的重大变化。因此我认为，能人进化后才开始有了某种形式的口语。像比克顿一样，我认为这是一种原始语言，内容和结构简单，但比猿类和南方古猿类的沟通方式更加高级。

　　在本书第 2 章中说过，尼古拉斯·托特通过非常仔细而新颖的制造工具的实验，得出了早期人类大脑不对称的观点。他在模拟早期人类制作石片的过程中，发现奥杜威工业的制造者惯用右手，所以左脑稍大一些。"最早工具制造者的脑有一侧偏大，其制造工具的行为也证明了这一点，"托特说，"这一可靠迹象表明语言能力已经出现。"

通过脑部化石的研究，我相信语言是随着最早人属的出现而开始进化的，至少目前还缺乏证据推翻这一想法。但是发声器官如喉、咽、舌和唇又是如何的呢？这是解剖信息的另一个重要来源（见图 7-1）。

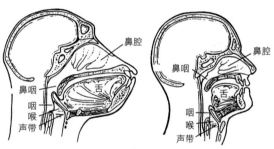

图 7-1 黑猩猩和人的声道

左图代表黑猩猩，它与所有的哺乳动物一样，其喉部位于喉咙上部，可以边呼吸边吞咽，但限制了发声范围。右图代表人类，人类的喉在喉咙里的位置低，十分独特，不能同时呼吸和吞咽，但发声范围很大。在直立人出现前的人种中，喉的位置与黑猩猩一样。

人类音域宽是因为喉部在喉咙里的位置低，从而制造了一个很大的发音共振腔，即位于声带上方的咽腔。纽约西奈山医院医学院的杰弗里·莱特曼（Jeffery Laitman）、布朗大学的菲利普·利伯曼（Philip Lieberman）和耶鲁大学的艾德蒙·克里林（Edmund Crelin）的创造性工作，让我们认识到咽腔扩大是使语言发音清晰的关键。他们研究了大量现存生物和人类化石的声道解剖结构，发现了它们的不同之处。在除人以外的所有哺乳动物中，咽腔都位于喉咙上部，使动物能同时呼吸和饮水，但这种小的咽腔会限制声音的范围。大多数哺乳动物因此只能依靠口腔形状和嘴唇来改变喉部产生的声音。而人类的咽腔虽然位置低，却使人类声音的范围更广，但这也意味着我们不能边呼吸边喝水，这种结构易于引起窒息。

婴儿出生时与哺乳动物一样，喉位于喉咙上部，所以婴儿吃奶的同时可以呼吸。大约 18 个月后，婴儿的喉开始向喉咙下部移动，长到 14 岁时，喉长到成年人的位置。研究者们意识到，如果能够确定人类祖先各种群的喉部位置，就能判断出这一种群的发声和语言能力。这是一个挑战，因为发声器官由软骨、肌肉等软组织组成，所以它们不能变成化石。不过，能够保存下来的祖先头骨化石里包含着重要的线索，即头骨底部形状。哺乳动物头骨的底部基本是平的，但人的头骨底部是拱形的。因此，人类头骨化石底部的形状，说明了其发出的声音的清晰程度。

在对人类化石的考察中，莱特曼发现南方古猿的颅底基本是平的，他们的这一生物特征类似猿，并且像猿一样，其声音沟通能力受限。南方古猿发不出人类说话时特有的某些普通元音。莱特曼总结说："化石记录显示，大约 40 万到 30 万年前，人们最早在远古智人中发现了充分弯曲的颅底。"这是否说明在现代人进化前，远古智人就已经有了充分发展的现代语言呢？这似乎不可能。

在肯尼亚北部发现的已知最早的直立人头骨标本，3733 号头骨上可以看到颅底形状的变化。这一标本距今约 200 万年，根据颅底形状判断，这个直立人个体具有发出 boot、father、feet 等单词中元音的能力。莱特曼估计，早期直立人喉的位置等同于现在 6 岁的小孩。可惜迄今为止未发现能人的完整的头骨颅底，所以无从知晓能人的情况。我推测，当我们发现最早人属的完整头骨时，我们将看到头骨基部开始出现弯曲。口语能力最初必然是随着人属的起源而开始出现的。

在这一进化序列中，我们看到了一个明显的悖论。根据对颅底形状的判断，尼安德特人的语言表达能力不如几十万年前其他远古智人发达，其颅底甚至不如直立人的弯曲。这是因为尼安德特人的退化而造成其发音不如祖先清晰吗？有些人类学家的确提出，尼安德特人的灭绝可能与其语言能力低有关。但这种进化上的退化似乎不大可能，毕竟自然界没有这样的实例。其答案可能包含在尼安德特人面部和头骨的解剖特点中。尼安德特人的面部中间凸起，这使其鼻腔通道较大，冷空气在其中变暖，而呼出的水气可以凝结，表现出对寒冷气候的明显适应。这种结构可能影响了颅底的形状而不降低语言能力。人类学家们还在争论这一问题。

总之，解剖证据证实语言在人类早期就已开始进化，语言技巧随后也逐步改进。但制造工具的技术和艺术表现方面的考古证据，却在很大程度上提出了另一种说法。

尽管我前面说过，语言无法变成化石而被保存，但在人制作的物品里，理论上还是可以从中了解语言。我们在谈论艺术表现力时，意识到现代人的思维起到了很大作用，而这正暗示着现代语言。石制工具能否帮助我们了解工具制造者的语言能力呢？

　　1976 年，纽约科学院要求格林·艾萨克提交一篇关于语言的起源和性质的文章。他研究了距今 200 万到 3.5 万年前旧石器时代晚期的复杂进化过程。他关注的不是人们用工具做了什么，而是制造方法。方法是人的强迫观念，这一行为方式要求有复杂的口语才能充分实现。没有语言，人类便不能任意将方法施加于所制作的工具上。

　　考古记录显示，人类史前时代慢慢地出现了制造方法，缓慢程度堪比冰河运动。本书第 2 章曾指出，距今 250 万到 140 万年前奥杜威时期的工具是随机打造的。工具制造者关注的是打出的石片是否锋利，而不在意石片的形状。而所谓的石核工具如刮削器、砍砸器和盘状器是这一过程的副产品。从奥杜威时期之后持续到大约 25 万年前的阿舍利工具组合，只是稍微显示出制造者对形状的关注。泪滴形手斧可能是按照制造者想象中的模板而制造的，但石器组合的大部分器物与奥杜威时期的制作相似，而且阿舍利的工具形式只有 12 种。25 万年前，尼安德特人等远古智人用备好的石片制作石器工具，莫斯特文化的石器组合有 60 种可辨认的类型。但这些类型在 20 多万年里都没有变化，这种技术停滞意味着那时候人类的心智是不完善的。

3.5 万年前，旧石器时代晚期文化突然出现在历史舞台，创新和随意使用制造方法开始无处不在。人们生产出了新颖精致的工具类型。而且，旧石器时代晚期工具组合的类型经过数千年的进化就能变化，而不是以 10 万年为时间尺度。艾萨克把技术多样化和快速变化归因于某种口语形式的逐渐出现。他提出，旧石器时代晚期革命标志着一次重大的进化事件。考古学家们虽对早期工具制作者所具有的口语的发展程度持有不同意见，但他们基本上同意艾萨克的观点。

科罗拉多大学的托马斯·温与尼古拉斯·托特观点不同，他认为奥杜威文化具有似猿而不是似人的特征。他于 1989 年在《人类》杂志（*Man*）上一篇合著的文章中写道："在当时的情景下不需要语言这样的因素。"他认为，制作这种简单的工具不需要很多的认知能力，所以奥杜威时期不存在人类，但阿舍利手斧的制作过程有"似人物种"的参与。手斧一类制品的形状是制造者所关心的，据此我们看到了直立人的思维发展。托马斯·温根据生产阿舍利工具所需的智力要求得出结论：直立人的认知能力等同于一个 7 岁大的现代人。7 岁的孩子有相当高的语言技能，能弄清指代和语法，甚至无须手势和指示就能交谈。这些相关性十分有趣，让人立刻联想到莱特曼根据颅底形状判断直立人的语言能力相当于现代人的 6 岁小孩。

这些证据将把我们带向何方呢（见图 7-2）？如果我们只根据考古记录中的技术成分来判断的话，语言很早就出现了，并在史前时代的大部分时期里缓慢地发展，却在末期迅猛发展。这是对根据解剖证据得出的假说的一种妥协。但艺术表现的考古证据不允许有这样的妥协。大约在 3.5 万年前的考古记录里出现了悬岩和洞穴中的绘画和雕刻，而赭石条和在骨头上雕刻的弯曲线条等更早时期艺术品的证据，往好里说是数量稀少，往坏里说并不可靠。

如果像澳大利亚考古学家伊恩·戴维森（Iain Davidson）那样，认为只有艺术表现代表了口语，那么语言是从晚近时期才开始出现并完全发展的。戴维森在与威廉·诺布尔（William Noble）合著的文章中写道："在史前时期，只有对事物产生共识的社会里才能制造与事物相似的形象。"对于事物含义的共同理解是通过语言而促成的。戴维森和诺布尔认为艺术表现是指示性语言得以发展的一种手段，而不是语言促成了艺术。艺术先于语言，或者二者同时出现。因此在考古记载中，最早的艺术标志了口语和指示性语言的最先出现。

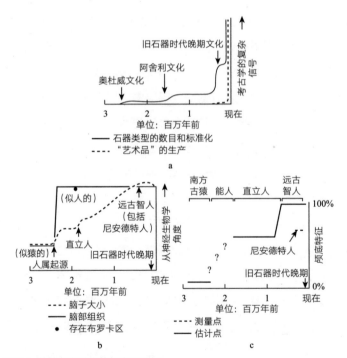

图 7-2　有关语言进化的三方面证据

根据考古记录（a），语言迅速地出现在史前时代的较晚时期。脑组织和脑量信息（b）表明语言是逐渐出现的，随着人属的起源而开始。同样，声道的进化（c）暗示语言的起源是在早期。

　　显然，关于人类语言进化的性质和发展时间的各种假说之间分歧很大，这意味着对某些证据的解释是错误的。不管这些误读有多复杂，人们对于语言起源的复杂性有了新的认识。温纳–格伦人类学研究基金会在 1990 年 3 月的一次重要会议为未来几年的讨论做了铺垫。这次名为"人类进化中的工具、语言和认知"的会议指出了人类史前时期许多重要问题的联系。会议的一位组织者凯瑟琳·吉布森的立场如下："由于人的社会智力、工具的使用和语言都依赖于脑部尺寸和信息加工能力的大量提高，所以它们不能突然且完全地出现，如同智慧女神米涅瓦突然从宙斯头上出现那样。而且，这些智力能力与脑量的增加一样，一定是逐渐进化而成的。由于这些能力互相依存，所以它们都不能孤立地达到现代的复杂水平。"而解开这些相互依赖的关系将是一个巨大的挑战。

　　正如我曾说过的那样，这里的利害关系比还原史前历史进程更重大，其中包括了对我们自身以及我们在自然界的位置的认识。把人类视为特殊动物的人，将会认同语言在近期突然出现的观点。而认为人类与自然界其余部分有联系的人，将不会为人类的这种完美的能力出现较早且发展缓慢而

苦恼。我推测，如果由于特殊原因使得能人和直立人仍能与
人类共存的话，我们将看到，他们的指示性语言在逐渐发展。
因此，我们与自然界其他物种的鸿沟将由我们自己的祖先来
消除。

湛庐文化·科学大师 书系

《人类的起源》

作 者：[肯尼亚]理查德·利基
　　　　Richard Leakey
定 价：69.90 元
ISBN：978-7-213-09300-5

《基因之河》

River Out of Eden
作 者：[英]理查德·道金斯
　　　　Richard Dawkins
– 即将出版

《性的进化》

Why Is Sex Fun?
作 者：[美]贾雷德·戴蒙德
　　　　Jared Diamond
– 即将出版

《六个数》

Just Six Numbers
作 者：[英]马丁·里斯
　　　　Matrin Rees
– 即将出版

《计算机的本质》

The Pattern On The Stone
作 者：[美]丹尼尔·希利斯
　　　　W. Daniel Hillis
– 即将出版

《量子引力》

Three Roads to Quantum Gravity
作 者：[美]李·斯莫林
　　　　Lee Smolin
– 即将出版

《心灵种种》

Kinds Of Minds
作 者：[美]丹尼尔·丹尼特
　　　　Daniel C. Dennett
– 即将出版

《进化是什么》

What Evolution Is
作 者：[美]恩斯特·迈尔
　　　　Ernst Mayr
– 即将出版

《宇宙的起源》

The Origin Of The Universe
作 者：[英]约翰·巴罗
　　　　John Barrow
– 即将出版

《宇宙的最后三分钟》

The Last Three Minutes
作 者：[英]保罗·戴维斯
　　　　Paul Davies
– 即将出版

The Origin of Humankind 08

心智的起源

心智的出现是地球生命史上的一次伟大革命。几亿年来，动物的脑部如军备竞赛一般越来越大。但意识究竟何时、为何出现，还没有明确的答案。科学家们试图从猿类心智的研究中得到启发。

　　地球上的生命史中有三次主要的革命。第一次革命是 35 亿年前生命本身的起源。那时候，以微生物形式存在的生命，在一个只有物理和化学作用的世界里变得强大。第二次革命是大约 5 亿年前多细胞生物的起源，无数种类和大小的动植物出现并相互作用于富饶的生态系统中，让生命变得复杂。第三次革命是最近 250 万年之内的某个时候人类意识的起源，生命能意识到自己的存在并开始改变自然界以达到自己的目的。

　　意识是什么？具体地说，意识的存在是为

了什么？其功能是什么？这些问题看似无中生有，因为每个人的人生都以意识或自我认识为媒介。意识如此强大，我们不能想象人没有主观感觉——意识而存在，它在主观上强而有力，客观上又难以捉摸。意识让科学家们左右为难，有些科学家认为我们对它束手无策。我们每个人经历的自我意识鲜明地阐明了我们所想所做的每件事。但我无法从客观上知道，你是否与我有一样的感觉，反之亦然。

几个世纪以来，科学家们和哲学家们一直在研究神秘的心智现象。将心智定义为监控自我的精神状态的能力从客观上说也许是准确的，但却不能跟我们的认知和存在方式相联系。心智是自我感觉的源泉，这种感觉有时是独有的，有时是与他人共享的。心智是通过想象到达日常物质以外的世界的途径，它将丰富多彩的抽象世界引入了现实。

笛卡儿试图解开这个难题：自身内部产生的感觉从何而来。哲学家们将这一两分现象称为心身问题。他这样写道："我感觉自己突然掉进一个很深的旋涡，翻来覆去，无法站起来，也不能游到上部。"他解决心身问题的方法是把心智和肉体当作完全分开的实体，二者共同构成了一个整体，这就是二元论。塔夫茨大学的哲学家丹尼尔·丹尼特（Daniel Dennett）①在其经典著作《意识的解释》（*Consciousness Explained*）中说："意识是一种想象力，把自己想象成一种非物质的灵魂，像拥有和控制汽车一样拥有和控制肉体。"

　　笛卡儿还认为心智是人类独有的事物，而其他一切动物只会机械运动。在过去的半个世纪里，生物学和心理学领域盛行相似的观点。被称为行为主义的观点认为，人类以外的动物只是条件反射性地对其生活的世界做出反应，缺乏分析思想过程的能力。行为学家认定动物没有思维，就算有，我们也无法科学地了解它，所以应该忽略不计。近年来，哈佛大学的行为生物学家唐纳德·格里芬（Donald Griffin）的所作所为正在使这种观点发生变化。20年来，他一直在发起一场运动，以推翻对动物心智的否定看法，并出版了三本有关这一主题的书籍，其中有一本名为《动物的心智》（*Animal Minds*）。他说，心理学家和动物行为学家们看起来"几乎对

① 丹尼尔·丹尼特的著作《直觉泵和其他思考工具》已由湛庐文化策划，浙江教育出版社出版。他的另外两本著作 *Kinds of Minds*, *From Bacteria to Bach and Back: The Evolution of Minds* 已由湛庐文化引进，即将出版。
　　——编者注

动物的心智这一概念的认识已经僵化"。他认为这是行为主义持续影响的结果，行为主义犹如一个幽灵飘荡在科学之上。"在其他科学领域，我们必须接受不完全正确的证据，宇宙论和地质学等历史科学就是如此，就连达尔文也不能完全证明生物进化的过程。"

人类学家们在解释人类身体的进化时，最终也必须谈到人的心智，尤其是人类心智的进化，这也是生物学家们需要仔细思考的问题。我们不得不问：心智现象究竟是如何在人脑中出现的？心智是不是突然产生于智人的大脑中，如同行为学家的观点所提示的那样，在自然界的其他生物中没有心智的原始形式？心智在人类史前时代的什么时间达到了我们现在的阶段？是否很早就出现，在史前时代迅速发展得比以前更为明显呢？心智的独特性为祖先带来了哪些进化上的优势呢？需要注意的是，这些问题与语言的进化相似，这并非巧合，因为语言与自我认知毫无疑问地紧密相连。

在寻找这些问题的答案时，我们无法回避的是：意识是为了什么而出现的？如同丹尼特的问题：是否存在什么事情只有有意识的实体才能做得到？牛津大学动物学家理查德·道金斯（Richard Dawkins）[1] 也认识到了这一令人不解的问题。他说生物体能预见未来，这种能力是通过大脑的模拟能力来实现的，正如计算机的模拟能力一样，这一过程不需要意识的参与，但"模拟能力的进化最终产生了主观意识"。当代生物学最深奥的问题就是这种情况发生的原因。"也许意识是在大脑对世界的模拟变得如此完整，以至于它必须包含一个自身的模型时产生的。"

当然也有这种可能：意识不是为了某物而出现，而是大脑在运行中产生的副产品。我更支持进化的观点，认为心智这种强大的精神现象可能帮助物种生存，它是自然选择的产物。如果心智不能帮助生存，那么就要接受另一种解释了，也就是它没有适应功能。

脑部增大的军备竞赛

神经生物学家哈里·杰里森长期研究陆地上出现生命以后脑子的进化过程。脑部随着时间的推移发生了惊人的变化：

---

[1] 理查德·道金斯的自传《道金斯传》已由湛庐文化策划，北京联合出版公司出版。——编者注

新动物群或亚群的产生通常伴随脑部相对大小的巨变，这被称为脑的扩大化。例如，当第一批古老的哺乳动物在约 2.3 亿年前出现时，它们的脑量比爬行动物的平均脑量大 4 ~ 5 倍。随着 5 000 万年前现代哺乳动物的起源，脑量发生了类似的变化。在全体哺乳动物中，灵长类动物脑子最大，是哺乳动物平均脑量的两倍。而灵长类动物中的猿类脑子最大，大约是灵长类平均脑量的两倍，而人类脑量大小是猿类平均脑量的 3 倍。

暂且不说人类。脑量随进化而增大代表了其生物学优势：脑部越大的物种越聪明。从某种意义上看这是正确的，但以进化的观点来看待发生的事情则更加有效。我们可能以为哺乳动物比爬行动物更聪明、更高级，并能更好地利用所需资源。但生物学家们意识到这并不正确。如果哺乳动物擅长利用生态位，那么它们利用生态位的方式肯定更加多样化，而这会反映在属的多样性上。然而在哺乳动物的近期历史中，任何一段时期内哺乳动物属的数量与恐龙属的数量大致相同，而恐龙是早期最完美的爬行动物。哺乳动物与恐龙利用的生态位的数量相似。那么较大的脑子又有什么好处呢？

物种间的竞争促使进化产生，一个物种通过进化创新而产生暂时的优势，却被别的物种通过反创新夺走优势。结果是，一些良好的生存方式得到了发展，比如跑得更快、视觉更敏锐、能有效抵挡攻击并且更加聪明，但它们不是永久有效。这种过程用军事术语说就是军备竞赛，双方武器的数量和有效性大大提高，但最终双方不一定都受益。学者们已把军备竞赛这个术语引入生物学来描述这种进化现象，较大脑部的形成就可以看作是军备竞赛的结果。

较大脑部的物种必然与较小脑部的物种有着不同的际遇。我们该如何看待这种不同呢？杰里森认为，我们应该把脑部看作物种创造自己版本的现实的地方。我们每个个体所感知的世界基本上由我们自己创造，被我们自己的经验所控制。同样，作为一个物种，我们感知到的世界受到感觉性质的支配。狗的主人都知道，嗅觉经验为犬科动物特有，人类不能参与其中。蝴蝶能看到紫外线，而人类不能。因此物种头脑内部的世界——无论是智人、狗还是蝴蝶，都是由外部世界进入内部世界的信息流动的性质，以及内部世界加工信息的能力所形成的。真实的外部世界和头脑感觉的内部世界存在差别。

　　脑部在进化过程中增大，使其能完全驾驭更多感觉信息的渠道，更彻底地整合输入的信息。因此是精神模式让内部的精神世界和现实的外部世界更加接近（尽管二者如我所说存在某些无法避免的信息上的差距）。我们因自身的内省意识而骄傲，但我们只能通过大脑里面探测世界的有限装备来认识世界。虽然许多人认为语言仅仅是沟通工具，但杰里森认为，语言也是进一步磨砺精神的手段。就像视觉、嗅觉、听觉等感官对于某些动物群体构筑其精神世界所起的重要作用，语言对人类来说也非常关键。

　　哲学和心理学界有大量关于"思想依赖于语言还是语言依赖于思想"问题的文献。大多数认知过程是在没有语言或没有意识的参与下发生的，这一点毋庸置疑。像打网球一类的体育活动，许多动作在很大程度上是自发的，对于接下来要做的事并没有连贯的规划。另外一个明显的例子是：一个人正想着某件事情，脑海中却突然出现了另一个问题的解决办法。对于某些心理学家而言，口语只是对更基本的认知的反映。但是，语言以不能发声的心智做不到的方式把思想加工成形，所以杰里森的论点是正确的。

猿类的心智

前面已经说过，人科成员在进化时最明显的变化是其脑量增加了两倍。但这不是唯一的变化，脑的整个结构也发生了变化。猿脑和人脑基本结构相同，二者都有左、右脑，每一半脑都有四个叶：额叶、顶叶、颞叶和枕叶。猿脑后部的枕叶大于额叶；人脑正好相反，额叶大而枕叶小。人脑和猿脑的这些结构差别可能构成了人产生心智的基础。如果能够在史前时代中发现这种差异出现在何时，我们就能找到人类心智出现的证据。

所幸，头骨内表面能显示脑的外表面的轮廓。制作化石头骨内表面的乳胶模型，可得到一个远古时代的脑部图像。迪安·福尔克在研究南非和东非的头骨时发现，这些通过考察而得出的结论是戏剧性的。她说："从额叶和枕叶的相对大小来看，南方古猿的大脑具有似猿的结构，而似人的结构最早出现在人属中的最早物种里。"

我们已经看到，当人属最早的物种进化时，人科生理上的许多方面发生了变化，比如身材和生长发育的形式，这些变化标志着物种向新的狩猎 – 采集环境发生了适应性转变。
这种结构上的变化与脑部大小变化相一致，并且具有生物学
上的意义。但我们还不确定当时人的心智发展到了什么程
度，解决这一问题前，我们需要了解与我们最接近的亲属猿
类的心智。

灵长类动物是典型的社会化生物。只需要观察猴群几个
小时，就足以了解社会关系对其成员的重要性：已建立的联
盟经常受到考验并维持下去；继续探索新的联盟关系；个体
之间相互帮助，共同抵御外敌；对于交配的机会始终保持警
惕性。

宾夕法尼亚大学的灵长类学家多萝西·切尼（Dorothy
Cheney）和罗伯特·赛法思（Robert Seyfarth）花了几年时间，
观察和记录肯尼亚安博塞利国家公园的长尾黑颚猴猴群的生
活。对于偶然观察猴子的人来说，突然发生的侵略性活动好
像能造成社会的混乱。但切尼和赛法思了解群体中的每一个
个体，知道它们的亲属关系、结盟关系和敌对关系，所以他
们知道这只是表面的混乱。他们提到了一次典型的冲突："一
只名叫牛顿的雌猴在争抢果子时，向另一只名叫泰乔的猴子

猛冲，泰乔逃开时，牛顿的姐妹克劳斯跑过来帮它追逐。同时，泰乔的姐妹霍尔布恩正在 18 米外觅食，牛顿的另一个姐妹斯克拉布跑到霍尔布恩那里打它的头。"

一开始是两个个体之间的冲突，可能由于受到最近一次相似争斗的影响，冲突很快扩大到朋友和亲属之间。切尼和赛法思的解释是：猴子不但需要预测彼此的行为，还须估计相互之间的关系。"一只在面对所有这种非随机性的骚动的猴子，它不能满足于简单地知道它的统治者或下属是谁，还必须知道谁和谁结盟、谁又有可能支援自己的对手。"剑桥大学心理学家尼古拉斯·汉弗莱（Nicholas Humphrey）认为，用心智能力监控社会联盟的迫切需要是灵长类学中的悖论的关键。

如汉弗莱所说，这个悖论是这样的："在实验室的人工实验已经反复证明，类人猿具有创造性的推理能力，这让人印象深刻。但当动物处于自然环境中时，它们没有任何与智力能力相符的行为。我需要知道野外黑猩猩能充分利用推理能力解决实际问题的事例。"汉弗莱评论说，人类也可能是这样。例如，像灵长类学家观察黑猩猩一样，用一副双筒望远镜观察爱因斯坦，观察者很难从中看到天才的光芒，"因为在一般情况下，爱因斯坦不需要显露才华"。

自然选择要么使人类等灵长类动物变得比实际需要的更聪明，要么使其日常生活比观察者看到的需要更高的智力水平。汉弗莱认为后者是正确的，确切地说，灵长类动物的社会关系要求其具有较高的智力，创造性智力的主要作用是维持社会团结。

灵长类学家现在知道，灵长类群体内部有复杂的关系网。尽管了解这一错综复杂的网络十分困难，但这是一个个体成功的关键。联盟关系的不断变化又增加了这一任务的难度。个体总是寻求巩固其联盟的力量，它们常为寻求自身及亲属的最大利益，离开现有的盟友而建立新的联盟，甚至跟之前的对手结盟。群成员因此发现它们处于不断建立新联盟的状态中——在玩这种被汉弗莱称为"社会象棋"的游戏时，需要敏锐的智力。

与传统棋盘游戏相比，"社会象棋"的参与者需要更多的技巧。因为不仅棋子本身会无法预测地变换身份，如马变成象、卒变成车等，而且结盟者也会偶尔转换阵营、成为敌人。"社会象棋"的参与者必须始终保持警惕，寻找潜在的优势、预防意外的劣势，它们如何做到这一点的呢？

在灵长类社会中，对个体本身的挑战是要预见其他成员的行为。一种应对方法是，个体在脑子里建设巨大的智力库，其中储存了同伴的所有可能的行为和自身适当的反应。这正是名为"深思"（Deep Thought）的计算机程序达到国际象棋大师水平所采用的方法。然而，面对任何一种情况时，计算机寻找解决的方法总是比人类快得多。灵长类动物还需要其他的手段，比如如果让个体监控自己的行为，而不仅仅像计算机自动装置那样运转，它们就会对特定情况应该做什么事情产生一种启发意识。根据判断，它们能预见相同状况下其他个体的行为。被汉弗莱称之为"自视"的监控能力是意识的一种定义，它会对具有这种能力的个体产生极大的进化方面的好处。

意识一旦被确立，便不会倒退，因为意识能力较差的个体会处于不利地位，那些稍占上风的个体则会进一步发展。一场军备竞赛蓄势待发，使这个过程继续进行，不断地提高

智力并增强自我认知。当"自视"的观察力提高到比以往任
何时候都更为敏锐时，真正的自我意识，也就是反思意识或
"自我"也将出现。

　　这个假说是社会智力假说的一部分，得到了许多人的关
注和支持。1986 年发表在《科学》杂志上的一篇关于灵长
类研究的评论中，切尼、赛法思和芭芭拉·斯马茨（Barbara
Smuts）特别提到，智力在社会环境中的重要性远远大于智
力对于满足技术要求的重要性。罗宾·邓巴考察了不同灵长
类的大脑皮层的容量后发现，那些在大群体中，生活在更复
杂的类似于"社会象棋"比赛中的物种的大脑皮层面积最大。
而大脑皮层正是大脑中用于思考的部分。他对此的总结是"这
与社会智力假说一致"。

　　在了解动物行为的革命，即推翻行为主义者关于"动物
没有心智"的论点的革命中，存在着两方面重要的证据。一
方面是设计一套开创性的实验，在除人类以外的动物中发现
自我意识，即自我认知的迹象。另一方面是从天然栖息地生
活的灵长类中寻找策略性欺骗行为的迹象。

心理学家做实验时使用的平常的工具不能解决个人意识的问题，这可能是许多研究者不去研究非人动物的心智和意识的原因之一。然而在 20 世纪 60 年代晚期，纽约州立大学心理学家戈登·盖洛普（Gordon Gallup）设计了一个有关自我认知的镜子实验：如果动物能够认出镜子里的镜像是自己，那么它就具有自我认知或意识。宠物的主人们都知道，猫和狗会对镜子中的镜像做出反应，但它们只是把自己的镜像当成了其他个体而表现出困惑和厌烦。但宠物的主人仍认为自己的猫和狗具有自我认知能力。

这是盖洛普早晨刮胡子时灵机一动想到的实验。他让被实验的动物先熟悉镜子，之后在动物前额上标记一个红点。如果动物把镜中的镜像看成其他个体，它可能会对红点好奇，甚至去摸镜子。但如果这只动物能认出自己，它可能会去摸自己身体上的红点。在第一次实验中，盖洛普用作实验的黑猩猩能认出这是自己的镜像，它摸了自己额上的红点。盖洛普的实验报告发表在 1970 年的《科学》杂志上，成为研究动物心智能力的里程碑。心理学家想知道有多少比例的动物具有这样的自我认知能力。

　　答案是没有多少动物能认出自己。猩猩通过了镜子实验，但大猩猩没有通过，这让人感到惊讶。有些观察者曾说看到过大猩猩在使用镜子时，好像能认出自己的镜像，他们以此为证据得出这些动物有自我认知能力的结论。这是一条分界线，把具有认知能力的人类和大型猿类与缺乏认知能力的其他灵长类动物划分开来。有的灵长类学家在观察各种猴类的复杂社会生活后，认为这个界限过于苛刻。后来出现了一种排除性实验，即"巧妙设计的欺骗行为"实验。

　　苏格兰圣安德鲁斯大学的安德鲁·怀滕（Andrew Whiten）和理查德·伯恩（Richard Byrne）创造了这个实验的名字。他们把它定义为：个体在不同情况下从其正常技能中做出一种"诚实的举动"，让熟悉自己的伙伴被误导。也就是说，一只动物故意对另一只动物撒谎，它必须了解对方的想法才能进行故意欺骗。欺骗成功要求其具有自我认知的能力。这种欺骗行为很少出现，因为就像小孩喊"狼来了"一样，你如果想要保持信用的话就不能总这么做。

　　伯恩和怀滕在南非德拉肯斯山观察了一群狒狒，在找到几个可以解释以上问题的实例之后，他们对狒狒的欺骗行为产生了兴趣。例如有一天，一只幼年雄狒狒保罗走近一只正在挖新鲜块茎的成年雌狒狒梅尔。保罗看看周围，在其视野之内没有其他狒狒，但它一定意识到其他狒狒离得不远。保罗大声尖叫，好像处于危险中，保罗的母亲拥有对梅尔的支配地位，于是她像任何一个保护子女的母亲那样冲过去，把这个看似攻击者的梅尔赶跑了。保罗因此可以吃到梅尔留下的块茎。保罗是否会这样想："如果我大声尖叫，我母亲会认为梅尔正在攻击我，于是母亲跑过来保护我，我就有机会吃多汁的块茎。"如果事实如此，这将成为巧妙设计的欺骗行为的实例。

伯恩和怀滕认为这个事实也许真实存在，并与灵长类学家讨论过他们的野外观察情况，灵长类学家们也讲述了许多相似的故事。但由于这些故事是奇闻轶事，而不是科学实验，所以它们不能载入科学文献中。伯恩和怀滕于1985年和1989年两次向100多位同事展开调查，征集假定存在的巧妙设计的欺骗行为的报告。他们收到了300多份报告，其中的事例包括对猿类和猴类的观察。有趣的是，除猴和猿等高等灵长类之外，丛林婴猴和狐猴中没有出现这种欺骗行为。

　　在寻找欺骗行为的证据时，灵长类学家所面临的问题有：这种行为是否真的是个体基于自我认知所做出的？还是说，它不需要自我认知的参与，只需经过学习就能做出呢？例如，保罗可能只是知道大声尖叫会使自己得到梅尔的块茎，这一例子是其通过学习而得到的反应，不是巧妙设计的欺骗行为。

　　伯恩和怀滕筛选欺骗行为的例子时采用了严格的标准，尽可能细致地排除了学习的可能性。他们发现，在 1989 年调查搜集到的 253 个例子中，只有 16 个能真正反映巧妙设计的欺骗行为。这些例子体现的都是猿类，尤其是黑猩猩的欺骗行为。下面我将举一个荷兰灵长类学家弗朗斯·普洛杰（Frans Plooij）在坦桑尼亚的贡贝河保护区中观察到的例子。

　　一只成年雄黑猩猩独自在喂食区，一只电控的箱子打开了，里面有香蕉。此时，第二只黑猩猩走了过来，第一只黑猩猩迅速关上箱子并若无其事地走开，看上去好像什么事情也没有发生，它一直等到同类离开后才打开箱子取出香蕉。但它上当了，同类并未离开而是藏了起来，暗中观察，第一只黑猩猩反而受到了欺骗。这个有说服力的例子充分体现了巧妙设计的欺骗行为。

这些观察帮助我们打开了一扇了解黑猩猩心智的窗口，它们显然有一定程度的反思意识，每天都跟黑猩猩共处的研究者强烈赞同这一结论。黑猩猩在彼此之间或它们跟人类之间的互动方式显示出强烈的自我认知，它们能像人一样猜出他者的心思，只是范围有限。

人类对别人心思的猜测，不止包括对其所作所为的简单预测，还包括对他人感受的猜测。我们都曾对他人的痛苦和不幸表现出同情或移情。由于共鸣，我们同情他人的痛苦，有时这种痛苦强烈到能用肉体感知。人类社会最强烈的共鸣体验是对死亡的恐惧，或者简单地说，是在神话和宗教的形成过程中起重要作用的死亡意识。尽管黑猩猩有自我认知能力，但它们对死亡一无所知。例如，当黑猩猩的一只幼崽死去时，它的母亲会带着孩子尸体，几天之后才将其丢弃。母猩猩所经历的似乎是手足无措而不是悲痛。但我们不能对此妄下定论。也许更重要的表现是，其他个体对这位失去幼崽的母猩猩缺乏同情心，不管母猩猩遭受什么痛苦，它都只能独自承受。黑猩猩的同情心局限于它们自身，但由于没有人找到黑猩猩能够意识到自己死亡或濒临死亡的证据，所以我们还是无法下定论。

对于我们的祖先所具有的自我意识是怎样的,我们又有何定论呢?人类和黑猩猩从共同的祖先中分离出来已有 700万年的历史了。因此我们不能假定黑猩猩从未发生变化,也不能以考察它们来代替考察共同的祖先。黑猩猩自从与人类分化为两个物种后,就以各种方式在进化。但人类和猿类共同的祖先脑部较大、过着复杂的社会化生活,因此它们会发展出黑猩猩所具有的意识,这一说法似乎合情合理。

我们假设人类和非洲猿共同的祖先具有和现代黑猩猩相同水平的自我认知能力。从已知的南方古猿的生理和社会结构来看,他们基本上是两足行走的猿,社会结构与现代狒狒相类似。因此,我们没有充分的理由证明这一说法:他们的自我认知水平在人科最初存在的 500 万年间曾有很大提高。

人属的进化使其脑部的尺寸和结构、社会组织以及谋生方式等方面产生重大变化,这也许同样标志着其意识水平开始变化。狩猎 – 采集的生活方式使我们祖先所掌握的 “社会象棋” 的技巧更加复杂。水平高超的棋手心智更健全、意识更敏锐,在社会关系和繁殖后代方面会获得更大的成就。这有利于自然选择，而自然选择使意识越来越完善。这种逐渐发展的意识使我们发展为根据自定的是非标准而制定特定行为标准的新动物。

当然，以上这些大部分是一种推测。我们如何知晓在过去 250 万年里祖先的意识水平有什么变化呢？我们又如何准确地判断意识什么时候发展为现今的程度呢？人类学家们面临着严酷的现实：他们或许无法解答这些问题。如果我难以证明他人的意识水平与我相同，如果大多数生物学家不研究非人动物的意识，那么针对早已死去的动物，人类将如何识别其意识的迹象呢？在考古记录中，有关意识的证据比语言的证据更少。有些人类行为几乎肯定反映了语言和自觉意识，如艺术表现。如同我们所见，其他行为如石器制作，可以为语言提供线索，但不能为意识提供线索。但有一项活动能让人联想到人类会使用意识，它也在史前记录上留下过痕迹，这项活动就是有意埋葬死者。

举办仪式祭奠死者明显地表现出人们的死亡意识和自我认知。每个社会都有处理死者的各种方式，作为其神话和宗教的组成部分。现代处理死者的方法有无数种，有人对尸体不理不睬，而有人长时间小心翼翼地保护它，在经过一年或更长的时间后再把尸体移到别处。有时，但不是常常，举行的仪式中会包括埋葬。古代社会有仪式感的埋葬给考古学家们提供了冥思苦想的机会。

尼安德特人的墓葬是人类历史上最早出现的有意识的埋葬证据。而最有影响力的墓葬是大约 6 万年前伊拉克北部扎格罗斯山区发现的墓葬，一个成年男子被埋葬在洞口，根据其骨骼化石周围土壤中的花粉判断，他的身体当时被放在有医药价值的花上。有些人类学家推测他是一名巫师。而 10 多万年前没有能反思意识的仪式的证据。正如我在前面提到的，也没有任何反思意识的艺术。没有证据不代表意识不存在，但也不可以此断言意识就是存在的。不过，如果远古智人的祖先直立人的意识并不比黑猩猩高，我会觉得惊讶，因为他们所在社会的复杂性、较大的脑部和可能存在的语言技能都表明其意识应该高得多。

我之前说过，尼安德特人以及其他远古智人可能对死亡有认识，他们无疑具有高度发达的反思意识。但这与我们今天的意识可能不一样，因为完全现代的语言和意识相互关联、相互补充。当人们像我们这样说话和体验自身时，他们就进化为现代人了。在 3.5 万年以来的欧洲和非洲艺术中，以及旧石器时代晚期复杂的墓葬仪式中，我们确实找到了关于这一点的证据。

庆祝生命的奇迹

每个人类社会都会有关于起源的神话故事，这是最根本的故事。这些关于起源的神话故事以反思意识为源头，试图为一切事物寻找答案。自从人类的反思意识在头脑中如烈火般熊熊燃烧以来，神话和宗教就已成为人类历史的一部分。神话的一个共同主题是让人类之外的动物、自然物和自然力（如大山大河）也具有跟人相似的动机和情感，这种人格化的表达来自于意识进化的环境。意识是通过在自己的感情中模拟他人来了解他人行为的社会工具，它简单又自然地延伸到人类以外的重要世界，为这些外部世界赋予了同样的动机。

动植物是狩猎 - 采集者生存的基础，正如自然要素培育了环境。生命，作为所有要素相互作用的复杂体，被看作有目的行动的相互作用，类似于社会关系。因此，在全世界以寻找食物为谋生手段的人类中，动物和自然力对于神话故事至关重要，我们对此不应感到惊讶。过去也必然存在这种情况。

10 年前在我考察法国多个有装饰品的洞穴时，这种想法不断地出现在我的脑海中。我看到有些装饰品只是简单地勾画了几笔，而有些则画得细致入微，它们都强烈地影响着我的思想。但我还是不解其意义，特别是半人半动物的形象，它对我的想象力构成挑战，令我百思不得其解。我敢肯定这些装饰品包含古代人起源的神话，但我不知道具体的神话是什么。根据晚近的历史可知，大羚羊对于南非昆桑人有无限巨大的精神力量，但马和野牛对于冰河时代的欧洲人精神生活的影响，我只能猜测了。它们肯定影响巨大，但我不知道它们是如何起作用的。

站在蒂克·多杜贝尔洞的野牛像前，我感觉自己与几千年前的人碰撞出了思维和交流的火花。我的心智与那些野牛像的雕刻者的心智相互沟通。我曾因与古代艺术家的距离感到失望，不是因为时间上的分隔，而是因为我们所拥有的不同文化的分隔。这是关于智人的一个悖论：我们经历了长期的狩猎 – 采集生活而形成了统一且多样的心智。其统一性在于我们都有自我意识，都敬畏生命的奇迹。同时，在我们自己创造的，同时也创造了我们自己的不同文化中，在语言、习俗和宗教等方面，我们也感受到了文化的多样性。我们应该庆祝这一奇妙的进化产物的诞生。

前言 人类学家的梦想

Leakey, Richard E., and Roger Lewin, *Origins* (New York: E. P. Dutton, 1977).

Leakey, Richard E., and Roger Lewin, *Origins Reconsidered* (New York: Doubleday, 1992).

Tattersall, Ian, *The Human Odyssey* (New York: Prentice Hall, 1993).

01 最早的人类

Broom, Robert, *The Coming of Man: Was It Accident or Design?* (New York: Witherby, 1933).

Coppens, Yves, "East Side Story: The Origin of Humankind," *Scientific American*, May 1994, pp. 88-95.

Darwin, Charles, *The Descent of Man* (London: John Murray, 1871).

Lewin, Roger, *Bones of Contention* (New York: Touchstone, 1988).

Lovejoy, C. Owen, "The Origin of Man," *Science* 211 (1981): 341-350. [See responses, 217 (1982): 295-306.]

Lovejoy, C. Owen, "The Evolution of Human Walking," *Scientific American*, November 1988, pp. 118-125.

Pilbeam, David, "Hominoid Evolution and Hominoid Origins," *American Anthropologist*, 88 (1986): 295-312.

Rodman, Peter S., and Henry M. McHenry, "Bioenergetics of Hominid Bipedalism," *American Journal of Physical Anthropology* 52 (1980): 103-106.

Sarich, Vincent M., "A Personal Perspective on Hominoid Macro-molecular Systematics," in Russel L. Ciochon and Robert S. Corruccini eds., *New Interpretations of Ape and Human Ancestry* (New York: Plenum Press, 1983), pp. 135-150.

Wallace, Alfred Russel, *Darwinism* (London: Macmillan, 1889).

02 拥挤的人科

Foley, Robert A., *Another Unique Species* (Harlow, Essex: Longman Scientific and Technical, 1987).

Foley, Robert A., "How Many Species of Hominid Should There Be?" *Journal of Human Evolution* 20 (1991): 413-429.

Johanson, Donald C, and Maitland A. Edey, *Lucy: The Beginnings of Humankind* (New York: Simon & Schuster, 1981).

Johanson, Donald C, and Tim D. White, "A Systematic Assessment of Early African Hominids," *Science* 202 (1979): 321-330.

Leakey, Richard E., *The Making of Mankind* (New York: E. P. Dutton, 1981).

Schick, Kathy D., and Nicholas Toth, *Making Stones Speak* (New York: Simon & Schuster, 1993).

Susman, Randall L., and Jack Stern, "The Locomotor Behavior of *Australopithecus afarensis*," *American Journal of Physical Anthropology* 60 (1983): 279-317.

Susman, Randall L., et al., "Arboreality and Bipedality in the Hadar Hominids," *Folia Primatologica* 43 (1984): 113-156.

Toth, Nicholas, "Archaeological Evidence for Preferential Right-Handedness in the Lower Pleistocene, and Its Possible Implications," *Journal of Human Evolution* 14 (1985): 607-614.

Toth, Nicholas, "The First Technology," *Scientific American*, April 1987, pp. 112-121.

Wynn, Thomas, and William C. McGrew, "An Ape's View of the Oldowan," *Man* 24 (1989): 383-398.

03 不同种类的人

Aiello, Leslie, "Patterns of Stature and Weight in Human Evolution," *American Journal of Physical Anthropology* 81 (1990): 186-187.

Bogin, Barry, "The Evolution of Human Childhood," *Bioscience* 40 (1990): 16-25.

Foley, Robert A., and Phyllis E. Lee, "Finite Social Space, Evolutionary Pathways, and Reconstructing Hominid Behavior," *Science* 243 (1989): 901-906.

Martin, Robert D., "Human Brain Evolution in an Ecological Context," *The Fifty-second James Arthur Lecture on the Human Brain* (New York: American Museum of Natural History, 1983).

Spoor, Fred, et al., "Implications of Early Hominid Labyrinthine Morphology for Evolution of Human Bipedal Locomotion," *Nature* 369 (1994): 645-648.

Stanley, Steven M., "An Ecological Theory for the Origin of *Homo*," *Paleobiology* 18 (1992): 237-257.

Walker, Alan, and Richard E. Leakey, *The Nariokotome Homo Erectus Skeleton* (Cambridge: Harvard University Press, 1993).

Wood, Bernard, "Origin and Evolution of the Genus *Homo*," *Nature* 355 (1992): 783-790.

04 人类，杰出的猎人？

Ardrey, Robert, *The Hunting Hypothesis* (New York: Atheneum, 1976).

Binford, Lewis, *Bones: Ancient Men and Modern Myth* (San Diego: Academic Press, 1981).

Binford, Lewis, "Human Ancestors: Changing Views of their Behavior," *Journal of Anthropological Archaeology* 4 (1985): 292-327.

Bunn, Henry, and Ellen Kroll, "Systematic Butchery by Plio/Pleistocene Hominids at Olduvai Gorge, Tanzania," *Current Anthropology* 27 (1986): 431-452.

Bunn, Henry, et al., "FxJj50: An Early Pleistocene Site in Northern Kenya," *World Archaeology* 12 (1980): 109-136.

Isaac, Glynn, "The Sharing Hypothesis," *Scientific American*, April 1978, pp. 90-106.

Isaac, Glynn, "Aspects of Human Evolution," in *Evolution from Molecules to Man*, D. S. Bendall, ed. (Cambridge: Cambridge University Press, 1983).

Lee, Richard B., and Irven DeVore, eds., *Man the Hunter* (Chicago:

Aldine, 1968).

Potts, Richard, *Early Hominid Activities at Olduvai* (New York: Aldine, 1988).

Robinson, John T., "Adaptive Radiation in the Australopithecines and the Origin of Man," in F. C. Howell and F. Bourliere, eds., *African Ecology and Human Evolution* (Chicago: Aldine, 1963), pp. 385-416.

Sept, Jeanne M, "A New Perspective on Hominid Archeological Sites from the Mapping of Chimpanzee Nests," *Current Anthropology* 33 (1992): 187-208.

Shipman, Pat, "Scavenging or Hunting in Early Hominids?" *American Anthropologist* 88 (1986): 27-43.

Zihlman, Adrienne, "Women as Shapers of the Human Adaptation," in Frances Dahlberg, ed., *Woman the Gatherer* (New Haven: Yale University Press, 1981).

05 现代人的起源

Klein, Richard G., "The Archeology of Modern Humans," *Evolutionary Anthropology 1* (1992): 5-14.

Lewin, Roger, *The Origin of Modern Humans* (New York: W. H. Freeman, 1993).

Mellars, Paul, "Major Issues in the Emergence of Modern Humans," *Current Anthropology* 30 (1989): 349-385.

Mellars, Paul, and Christopher Stringer, eds., *The Human Revolution: Behavioural and Biological Perspectives on the Origins of Modern Humans* (Edinburgh: Edinburgh University Press, 1989).

Rouhani, Shahin, "Molecular Genetics and the Pattern of Human Evolution," in Mellars and Stringer, eds., *The Human Revolution*.

Stringer, Christopher, "The Emergence of Modern Humans," *Scientific American*, December 1990, pp. 98-104.

Stringer, Christopher, and Clive Gamble, *In Search of the Neanderthals* (London: Thames & Hudson, 1993).

Thorne, Alan G., and Milford H. Wolpoff, "The Multiregional Evolution of Humans," *Scientific American*, April 1992, pp. 76-83.

Trinkaus, Erik, and Pat Shipman, *The Neanderthals* (New York: Alfred A. Knopf, 1993).

White, Randall, "Rethinking the Middle/Upper Paleolithic Transition," *Current Anthropology* 23 (1982): 169-189.

Wilson, Allan C, and Rebecca L. Cann, "The Recent African Genesis of Humans," *Scientific American*, April 1992, pp. 68-73.

06 艺术的语言

Bahn, Paul, and Jean Vertut, Images of *the Ice Age* (New York: Facts on File, 1988).

Conkey, Margaret W., "New Approaches in the Search for Meaning? A Review of Research in 'Paleolithic Art,'" *Journal of Field Archaeology* 14 (1987): 413-430.

Davidson, Iain, and William Noble, "The Archeology of Depiction and Language," *Current Anthropology* 30 (1989): 125-156.

Halverson, John, "Art for Art's Sake in the Paleolithic," *Current Anthropology* 28 (1987): 63-89.

Lewin, Roger, "Paleolithic Paint Job," *Discover*, July 1993, pp. 64-70.

Lewis-Williams, J. David, and Thomas A. Dowson, "The Signs of All Times," *Current Anthropology* 29 (1988): 202-245.

Lindly, John M., and Geoffrey A. Clark, "Symbolism and Modern Human Origins," *Current Anthropology* 31 (1991): 233-262.

Lorblanchet, Michel, "Spitting Images," *Archeology*, November/ December 1991, pp. 27-31.

Scarre, Chris, "Painting by Resonance," *Nature* 338 (1989): 382.

White, Randall, "Visual Thinking in the Ice Age," *Scientific American*, July 1989, pp. 92-99.

07 语言的艺术

Bickerton, Derek, *Language and Species* (Chicago: University of Chicago Press, 1990).

Chomsky, Noam, *Language and Problems of Knowledge* (Cambridge: MIT Press, 1988).

Davidson, Iain, and William Noble, "The Archeology of Depiction and Language," *Current Anthropology* 30 (1989): 125-156.

Deacon, Terrence, "The Neural Circuitry Underlying Primate Calls and Human Language," *Human Evolution* 4 (1989): 367-401.

Gibson, Kathleen, and Tim Ingold, eds., *Tools, Language, and Intelligence* (Cambridge: Cambridge University Press, 1992).

Holloway, Ralph, "Human Paleontological Evidence Relevant to Language Behavior," *Human Neurobiology* 2 (1983): 105-114.

Isaac, Glynn, "Stages of Cultural Elaboration in the Pleistocene," in Steven R. Hamad, Horst D. Steklis, and Jane Lancaster, eds., *Origins and Evolution of Language and Speech* (New York: New York Academy of Sciences, 1976).

Jerison, Harry, "Brain Size and the Evolution of Mind," *The Fifty-ninth*

James Arthur Lecture on the Human Brain (New York: American Museum of Natural History, 1991).

Laitman, Jeffrey T., "The Anatomy of Human Speech," *Natural History*, August 1984, pp. 20-27.

Pinker, Steven, *The Language Instinct* (New York: William Morrow, 1994).

Pinker, Steven, and Paul Bloom, "Natural Language and Natural Selection," *Behavioral and Brain Sciences* 13 (1990): 707-784.

White, Randall, "Thoughts on Social Relationships and Language in Hominid Evolution," *Journal of Social and Personal Relationships* 2 (1985): 95-115.

Wills, Christopher, *The Runaway Brain* (New York: Basic Books, 1993).

Wynn, Thomas, and William C. McGrew, "An Ape's View of the Oldowan," *Man* 24 (1989): 383-398.

08 心智的起源

Byrne, Richard, and Andrew Whiten, *Machiavellian Intelligence: Social Expertise and the Evolution of Intellect in Monkeys, Apes, and Humans* (Oxford: Clarendon Press, 1988).

Cheney, Dorothy L., and Robert M. Seyfarth, *How Monkeys See the World* (Chicago: University of Chicago Press, 1990).

Dennett, Daniel, *Consciousness Explained* (Boston: Little, Brown, 1991).

Gallup, Gordon, "Self-awareness and the Emergence of Mind in Primates," *American Journal of Primatology* 2 (1982): 237-248.

Gibson, Kathleen, and Tim Ingold, eds., *Tools, Language, and Intelligence* (Cambridge: Cambridge University Press, 1992).

Griffin, Donald, *Animal Minds* (Chicago: University of Chicago Press,

1992).

Humphrey, Nicholas K., *The Inner Eye* (London: Faber & Faber, 1986).

Humphrey, Nicholas K., *A History of the Mind* (New York: HarperCollins, 1993). Jerison, Harry, "Brain Size and the Evolution of Mind," *The Fifty-ninth James Arthur Lecture on the Human Brain* (New York: American Museum of Natural History, 1991).

McGinn, Colin, "Can We Solve the Mind-Body Problem?" *Mind* 98 (1989): 349-366.

Savage-Rumbaugh, Sue, and Roger Lewin, *Kanzi: At the Brink of Human Mind* (New York: John Wiley, 1994).

未来，属于终身学习者

我这辈子遇到的聪明人（来自各行各业的聪明人）没有不每天阅读的——没有，一个都没有。巴菲特读书之多，我读书之多，可能会让你感到吃惊。孩子们都笑话我。他们觉得我是一本长了两条腿的书。

——查理·芒格

互联网改变了信息连接的方式；指数型技术在迅速颠覆着现有的商业世界；人工智能已经开始抢占人类的工作岗位……

未来，到底需要什么样的人才？

改变命运唯一的策略是你要变成终身学习者。未来世界将不再需要单一的技能型人才，而是需要具备完善的知识结构、极强逻辑思考力和高感知力的复合型人才。优秀的人往往通过阅读建立足够强大的抽象思维能力，获得异于众人的思考和整合能力。未来，将属于终身学习者！而阅读必定和终身学习形影不离。

很多人读书，追求的是干货，寻求的是立刻行之有效的解决方案。其实这是一种留在舒适区的阅读方法。在这个充满不确定性的年代，答案不会简单地出现在书里，因为生活根本就没有标准切的答案，你也不能期望过去的经验能解决未来的问题。

湛庐阅读APP：与最聪明的人共同进化

有人常常把成本支出的焦点放在书价上，把读完一本书当作阅读的终结。其实不然。

> 时间是读者付出的最大阅读成本
> 怎么读是读者面临的最大阅读障碍
> "读书破万卷"不仅仅在"万"，更重要的是在"破"！

现在，我们构建了全新的"湛庐阅读"APP。它将成为你"破万卷"的新居所。在这里：

- 不用考虑读什么，你可以便捷找到纸书、有声书和各种声音产品；
- 你可以学会怎么读，你将发现集泛读、通读、精读于一体的阅读解决方案；
- 你会与作者、译者、专家、推荐人和阅读教练相遇，他们是优质思想的发源地；
- 你会与优秀的读者和终身学习者为伍，他们对阅读和学习有着持久的热情和源源不绝的内驱力。

从单一到复合，从知道到精通，从理解到创造，湛庐希望建立一个"与最聪明的人共同进化"的社区，成为人类先进思想交汇的聚集地，与你共同迎接未来。

与此同时，我们希望能够重新定义你的学习场景，让你随时随地收获有内容、有价值的思想，通过阅读实现终身学习。这是我们的使命和价值。

湛庐CHEERS

湛庐阅读APP玩转指南

湛庐阅读APP结构图:

12+图书订阅服务
纸质书
有声书
电子书
读什么

泛读:一书一课
通读:通识课
精读:精读班
怎么读

湛庐阅读APP

优秀的读者和终身学习者　与谁共读

跟谁读　作者、译者、专家、推荐人和阅读教练

三步玩转湛庐阅读APP:

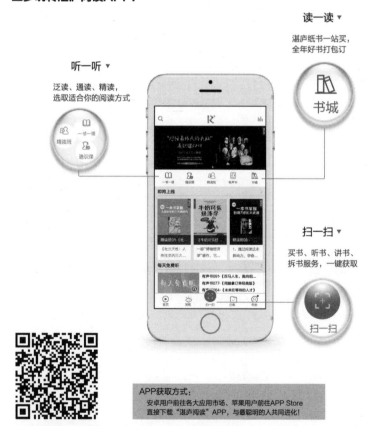

读一读▼

湛庐纸书一站买,
全年好书打包订

书城

听一听▼

泛读、通读、精读,
选取适合你的阅读方式

一书一课
精读班
通识课

扫一扫▼

买书、听书、讲书、
拆书服务,一键获取

扫一扫

APP获取方式:
安卓用户前往各大应用市场、苹果用户前往APP Store
直接下载"湛庐阅读"APP,与最聪明的人共同进化!

湛庐CHEERS

使用APP扫一扫功能，
遇见书里书外更大的世界!

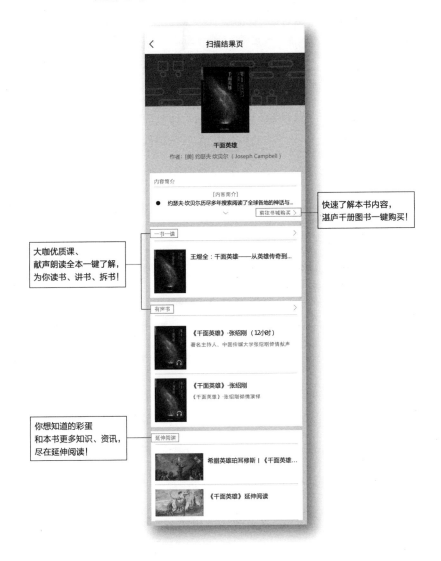

快速了解本书内容，
湛庐千册图书一键购买!

大咖优质课、
献声朗读全本一键了解，
为你读书、讲书、拆书!

你想知道的彩蛋
和本书更多知识、资讯，
尽在延伸阅读!

延伸阅读

《人类起源的故事》

◎ 古 DNA 科学家破译基因密码，揭示人类祖先的疯狂混血史。一部重写人类简史的颠覆之作！

◎ 著名科幻小说家刘慈欣，中国科学院院士杨焕明，得到专栏作家万维钢，国家博物馆讲解员河森堡，"中国十大科学之星"付巧妹，厦门大学人类学研究所所长王传超，复旦大学中文系教授严锋，华东师范大学教授刘擎，《三联生活周刊》主笔土摩托，果壳联合创始人小庄联袂推荐。

使用"湛庐阅读"APP，
"扫一扫"获取本书更多精彩内容

ISBN 978-7-213-09249-7

《人体的故事》

◎ 继《枪炮、病菌与钢铁》和《人类简史》之后，又一本讲述人类进化史的有趣著作。

◎ 倾听 600 万年的人体进化简史，了解人体每个部分的进化源头，寻找现代疾病的进化良方。

使用"湛庐阅读"APP，
"扫一扫"获取本书更多精彩内容

ISBN 978-7-213-08015-9

《双螺旋》（图文注释本）

◎ 一个讲述 DNA 结构发现过程的经典故事，新增大量从未公开过的珍贵照片、历史资料和注释。

◎ 在"20 世纪 100 本最佳非虚构类著作"中排名第七，被美国国会图书馆评为"88 本塑造美国的经典著作"。

◎ 北京大学教授饶毅、北京大学教授黄岩谊、北京大学教授谢灿、浙江大学教授王立铭特别推荐！

使用"湛庐阅读"APP，
"扫一扫"获取本书更多精彩内容

ISBN 978-7-213-07610-7

《生命的未来》

◎ 70 年前，诺贝尔物理学奖得主薛定谔提出了著名的"薛定谔之问"——生命是什么。70 年后，"人造生命之父"克雷格·文特尔通过合成"人造细胞"的方式给出了完美的解答。

◎ 中国科学院精准基因组医学重点实验室主任曾长青，著名科幻小说家刘慈欣，果壳网创始人姬十三，中国科学院大学人文学院科学传播教授李大光，"社会生物学之父"爱德华·威尔逊，奇点大学校长、《人工智能的未来》作者雷·库兹韦尔，畅销书《从 0 到 1》作者彼得·蒂尔联袂推荐。

使用"湛庐阅读"APP，
"扫一扫"获取本书更多精彩内容

ISBN 978-7-213-07309-0

图书在版编目（CIP）数据

人类的起源 /（肯尼亚）理查德·利基著；符蕊译
.— 杭州：浙江人民出版社，2019.9
书名原文：The Origin of Humankind
ISBN 978-7-213-09300-5

Ⅰ.①人…　Ⅱ.①理…②符…　Ⅲ.①人类起源—研
究　Ⅳ.① Q981.1

中国版本图书馆 CIP 数据核字（2019）第 091101 号

浙江省版权局
著作权合同登记章
图字：11–2019–126 号

上架指导：科普 / 人类历史

人类的起源

［肯尼亚］理查德·利基　著
符蕊　译

出版发行：浙江人民出版社（杭州体育场路 347 号　邮编　310006）
　　　　　市场部电话：（0571）85061682　85176516
集团网址：浙江出版联合集团　http://www.zjcb.com
责任编辑：蔡玲平
责任校对：姚建国
印　　刷：天津中印联印务有限公司
开　　本：880mm ×1230mm 1/32　　　　印　张：8
字　　数：120 千字
版　　次：2019 年 9 月第 1 版　　　　印　次：2019 年 9 月第 1 次印刷
书　　号：ISBN 978-7-213-09300-5
定　　价：69.90 元